FORSCHUNGSBERICHT DES LANDES NORDRHEIN-WESTFALEN

Nr. 3071 / Fachgruppe Maschinenbau/Verfahrenstechnik

Herausgegeben vom Minister für Wissenschaft und Forschung

Prof. Dr.-Ing. Alex Troost
Lehrstuhl A und Institut für Werkstoffkunde

Prof. Dr.-Ing. Essam El-Magd
Lehr- und Forschungsgebiet Werkstoffkunde

Dr.-Ing. Atiat El-Schennawi
Lehrstuhl für Werkstoffkunde A
der Rhein.-Westf. Techn. Hochschule Aachen

Mehrachsiges Druck-, Zug-, Schicht- und Behälterkriechen in elementarer und einheitlicher Darstellung

Westdeutscher Verlag 1981

CIP-Kurztitelaufnahme der Deutschen Bibliothek

Troost, Alex:
Mehrachsiges Druck-, Zug-, Schicht- und Behälterkriechen in elementarer und einheitlicher Darstellung / Alex Troost ; Essam El-Magd ; Atiat El-Schennawi. - Opladen : Westdeutscher Verlag, 1981.

(Forschungsberichte des Landes Nordrhein-Westfalen ; Nr. 3071 : Fachgruppe Maschinenbau, Verfahrenstechnik)
ISBN 978-3-531-03071-5 ISBN 978-3-322-87690-4 (eBook)
DOI 10.1007/978-3-322-87690-4
NE: Magd, Essam el-:; Schennawi, Atiat el-:; Nordrhein-Westfalen: Forschungsberichte des Landes ...

Herstellung: Westdeutscher Verlag GmbH

Lengericher Handelsdruckerei, 454 Lengerich

Inhalt

Einleitung

Oberhalb homologer Temperaturen $T_h = 0,4 \ldots 0,5$ wird das mechanische Verhalten metallischer Werkstoffe zunehmend zeitabhängig. So vergrößert sich z.B. die Dehnung einer Zugprobe unter konstanter Zugspannung bzw. Zugkraft (physikalische bzw. technische Bedingungen) sowie isothermer Versuchsdurchführung mit der Zeit. Dieses als Kriechen bezeichnete Phänomen ist wegen seiner technischen (und wissenschaftlichen) Bedeutung Gegenstand zahlreicher experimenteller Untersuchungen und makroskopischer sowie mikroskopischer Theorien. Es wird daher in vielen Einzelveröffentlichungen, aber auch in Monographien [z.B. 1 bis 6] behandelt.

In [1 bis 3] werden die mathematischen Grundlagen einer makroskopischen Mechanik des Kriechens ("Kriechmechanik") bei ein- und mehrachsigem Spannungszustand beschrieben und Lösungen für Stab-, Scheiben-, Platten- und Schalenprobleme sowie Kriechinstabilität angegeben bzw. zusammengestellt. Demgegenüber behandeln die Arbeiten [4,5] für den einachsigen Spannungszustand die experimentell ermittelten Zusammenhänge und ziehen zur Deutung dieses Erfahrungsmaterials (atomistische) Modellvorstellungen heran. Dazu werden in der jüngeren Monographie [5] mit einer Vielzahl von Literaturhinweisen Meß- und Versuchstechnik, beobachtete Phänomene und strukturtheoretische Grundlagen besonders umfassend verknüpft. Die Untersuchung [6] befaßt sich makroskopisch u.a. mit verschiedenen "Kriechtheorien" und dem Einfluß der Belastungsgeschichte, führt Lösungen einiger Kriechprobleme auf, gibt aber auch allgemeine Anregungen zum Entwurf kriechbeanspruchter Bauteile bei kritischer Beurteilung der Extrapolationsverfahren, Dimensionierungsregeln und Akkumulationshypothesen.

Im Gegensatz zu den Arbeiten [1 bis 3,6] mit ihren vielen unterschiedlichen Lösungen werden im vorliegenden Bericht Belastungsfälle untersucht, die sich in einheitlicher Form darstellen und lösen lassen. Dies gilt allgemein für Kriechprobleme mit zeitabhängiger, aber ortsunabhängiger Vergleichsformänderung sowohl für technische als auch physikalische Bedingungen und für "beliebige" Kriechgesetze.

Aus dieser Sicht können mehrachsiges Druck-, Zug-, Schicht- und Behälterkriechen gemeinsam behandelt werden. Zur speziellen Beschreibung des Kriechverhaltens und insbesondere zur numerischen Auswertung wird ein Kriechgesetz benutzt, das im primären und im sekundären Stadium angewandt werden kann.

Der Anwendungsbereich des gewählten Kriechgesetzes ergibt sich aus Betrachtungen über die Interpolationsfunktionen der Kriechkurven im einachsigen Grundversuch und aus ihrer Deutung auf der Basis einer mechanischen Zustandsgleichung für "mechanisch stabile" Werkstoffe. Möglichkeiten zur makroskopischen Beschreibung der Kriechkurve in allen Kriechstadien durch eine einheitliche Beziehung werden angedeutet.

A EINACHSIGE KRIECHBEANSPRUCHUNG

1. Empirische Kriechgesetze

Zur Beschreibung des Werkstoffverhaltens bei Zeitstandbeanspruchung wurden seit Beginn dieses Jahrhunderts zahlreiche empirische Beziehungen aufgestellt. Sie wurden zumeist durch Linearisierung der experimentell ermittelten Abhängigkeiten, in der Regel zeitabhängige Kriechdehnungen im Zugversuch, bei kartesischer oder logarithmischer Darstellung ermittelt, konnten jedoch später zum größten Teil versetzungstheoretisch gedeutet werden. Trotzdem ist zwischen den heute verwendeten Beziehungen zur Formulierung des Werkstoffverhaltens im Zug-, Kriech- und Relaxationsversuch oft immer noch kein Zusammenhang hergestellt worden.

Für den primären Kriechbereich lassen sich die wichtigsten empirischen "Kriechgesetze" in drei Gruppen einteilen: logarithmische, parabolische und exponentielle Beziehungen. Auch Kombinationen werden zur besseren Anpassung an Meßergebnisse benutzt (Ziff. 5).

Im Bereich niedriger homologer Temperaturen (T_h < o,3) wendet man vorwiegend logarithmische Kriechgesetze an, die gegenüber der ursprünglichen Form nach PHILLIPS (19o9) [7]

$$\varepsilon = \varepsilon_o + \alpha \ln(1 + t) \qquad (1.1)$$

nur wenig geändert wurden+) (ε Dehnung, t Zeit). Während zur Vereinfachung von (1.1) die Beziehung

$$\varepsilon = \varepsilon_o + \alpha \ln t \qquad (1.2)$$

nach WEAVER (1936) [8] verwendet wurde ($t \neq 0$), schlug GAROFALO (1965) [4] aus Dimensionsgründen die Gleichung

$$\varepsilon = \varepsilon_o + \alpha_2 \ln(1 + \alpha_3 t) \qquad (1.3)$$

vor.

Bei höheren homologen Temperaturen (T_h = o,2 ... o,7) werden oft

---

+) In (1.1) und entsprechenden Gleichungen muß aus Dimensionsgründen die Größe t als Maßzahl der Zeit oder als eine auf z.B. $t^* = 1$ h bezogene Zeit angesehen werden

parabolische Kriechgesetze benutzt. Ausgehend von der ursprünglichen Beziehung nach ANDRADE (191o) [9]

$$L = L_o(1 + \beta_1\, t^{\frac{1}{3}})\, e^{\beta_2 t} \qquad (1.4)$$

entstand das bekannte $t^{\frac{1}{3}}$ - Gesetz:

$$\varepsilon = \varepsilon_o + \beta\, t^{\frac{1}{3}} \qquad (1.5)$$

(L_o Anfangslänge der Zugprobe, L Länge zur Zeit t). Durch Einführung eines Exponenten $\gamma < 1$ wurde (1.5) zu

$$\varepsilon = \varepsilon_o + \beta\, t^{\gamma} \qquad (1.6)$$

verallgemeinert. Nach TERLAAK (1963) [1o] wird (1.6) zu

$$\varepsilon = \varepsilon^* + \beta_3(1 + \beta_4 t)^{\gamma} \qquad (1.7)$$

erweitert, um den Einfluß der Lastaufbringungsgeschwindigkeit berücksichtigen zu können.

In der dritten Gruppe der empirischen Beziehungen zur Beschreibung des Kriechens findet man exponentielle Kriechgesetze, die im Bereich $T_h = o,4 \ldots o,6$ angewandt werden. Sie beruhen auf der Formulierung des primären Kriechens durch die Funktion

$$\varepsilon = \varepsilon_o + a(1 - e^{-bt}) \qquad (6.8)$$

nach MC VETTY (1934) [11]. Diese Beziehung wurde von MARIN (1959) [12] und GAROFALO (1965) [4] gedeutet und erweitert

$$\varepsilon = \varepsilon_o + \varepsilon_r(1 - e^{-rt}) + \dot{\varepsilon}_s t\;. \qquad (1.8)$$

(1.9) stellt eine Kombination zweier Kriechgesetze dar (Ziff. 5) und beschreibt einen kontinuierlichen Übergang vom primären zu einem (asymptotischen) sekundären Kriechstadium.

Die genannten Ansätze formulieren die Abhängigkeit der Kriechdehnung von der Zeit für konstant gehaltene Spannung und Temperatur (Kriechkurven). Der Spannungseinfluß wird über die bekannten Gesetze zur Beschreibung der Abhängigkeit der Kriechgeschwindigkeit von der Kriechspannung berücksichtigt. Die drei technisch wichtigsten seien hier genannt.

Im Bereich niedriger Spannungen gilt nach NORTON (1929) [13] und BAILEY (1929) [14]

$$\dot{\varepsilon} \sim \sigma^{N} , \qquad (1.1o)$$

während bei hohen Spannungen der Zusammenhang

$$\dot{\varepsilon} \sim (e^{\beta\sigma} - 1) \quad \text{bzw.} \quad \dot{\varepsilon} \sim e^{\beta\sigma} \qquad (1.11)$$

nach SODERBERG (1936) [15] und DORN (1954) [16] beobachtet wird. Die Beziehungen (1.1o) und (1.11) lassen sich durch den Ansatz von GAROFALO [4]

$$\dot{\varepsilon} \sim \sin h^{N_1} \sigma/\sigma_o \qquad (1.12)$$

zusammenfassen.

Die in dieser Ziffer behandelten Ansätze stellen Interpolationsfunktionen zur Formulierung von Versuchsergebnissen und keine Aussagen physikalischer Kriechmodelle dar. Diese Frage ist eingehend von ILSCHNER (1973) [5] erörtert worden.

Bei Zeitstandbeanspruchung mit kleinen Dehnungen ($\varepsilon << 1$) können die angegebenen Kriechgesetze zur Erfassung der Nenndehnung bei konstanter Nennspannung benutzt werden. Werden jedoch Kriechgesetze zur Beschreibung des Werkstoffverhaltens bei größeren Dehnungen herangezogen, z.B. zur Berechnung von Versagenszeiten, so müssen die Abmessungsänderungen berücksichtigt und somit wahre Dehnungen ε und wahre Spannungen σ eingesetzt werden.

2. Mechanische Zustandsgleichung

Das Verfestigungsverhalten eines metallischen Werkstoffs läßt sich im Zug- oder Druckversuch unter bestimmten Bedingungen erfassen. Neben genormten Werkstoffkennwerten ermittelt man dabei den Zusammenhang zwischen der wahren Spannung σ und der wahren Dehnung ε bzw. ihrem plastischen Anteil. Für die so gewonnenen "Fließkurven" läßt sich nach LUDWIK [17]

$$\sigma = \sigma_o + A_1 \, \varepsilon^{n_1} \qquad (2.1)$$

ansetzen oder allgemeiner nach SWIFT [18]

$$\sigma = A_2(B+\varepsilon)^{n_2} \,. \qquad (2.2)$$

Zur Berücksichtigung der Geschwindigkeitsempfindlichkeit wurde von ZENER und HOLLOMON [19] der Ansatz

$$\sigma \sim \dot{\varepsilon}^m \qquad (2.3)$$

vorgeschlagen. Eine verallgemeinernde Zusammenfassung dieser Beziehungen wird in [2o] angegeben:

$$\sigma = A(B+\varepsilon)^n \, (C+\dot{\varepsilon})^m + D \,. \qquad (2.4)$$

Im allgemeinen sind in (2.4) die Ansatzfreiwerte und insbesondere die Exponenten m und n zumindest temperaturabhängig. So nimmt der Verfestigungsexponent n mit zunehmender Temperatur ab, während der Geschwindigkeitsexponent m zunächst nur geringfügig, oberhalb $T_h = o,4 \ldots o,5$ jedoch stark mit steigender Temperatur anwächst. Daher kann allgemein angenommen werden, daß im Bereich niedriger homologer Temperaturen das Verhältnis $m/n \ll 1$ ist, bei hohen homologen Temperaturen jedoch $m/n \gg 1$ gilt.

Im Gegensatz zur Beanspruchung mit konstanter Spannung im Kriechversuch oder mit konstanter Dehngeschwindigkeit im Zugversuch werden Werkstoff und Bauteil unter Betriebsbelastung meistens veränderlichen Spannungen unterworfen. Unter entsprechenden Bedingungen kann das Werkstoffverhalten nur experimentell ermittelt oder über Hypothesen vorausgesagt werden. Nach der Zeitverfestigungshypothese hängt die Kriechgeschwindigkeit zu einem beliebigen Zeitpunkt von der augenblicklichen Spannung und der bisherigen Beanspruchungsdauer ab, während nach der Dehnungsverfestigungshypothese die Momentanwerte der Spannung und der Dehnung für die Kriechgeschwindigkeit maßgeblich sind.

Ein makroskopisches oder phänomenologisches Konzept zur rechnerischen Behandlung von Kriechvorgängen bei konstanter oder veränderlicher Spannung ist das Postulat von der Existenz einer sogenannten mechanischen Zustandsgleichung, das zwar auf LUDWIK [17] zurückgeht, aber auf der Dehnungsverfestigungshypothese beruht. Die mechanische Zustandsgleichung ist formal ein Sonderfall der "allgemeinen Gleichung" einer Fließkurve:

$$f(\sigma,\varepsilon,\dot{\varepsilon},T;\ S) = 0\ . \qquad (2.5)$$

Der "Strukturparameter" S in (2.5) soll den Einfluß der Struktur auf das mechanische Verhalten des Werkstoffs beschreiben und steht symbolisch für die Fehlordnung in Gitterbereichen des metallischen Werkstoffs (z.B. Charakter, Dichte, Verteilung der Versetzungen), für die Gefügeausbildung (z.B. Größe, Form, Anordnung der Körner) usw.

Da die mechanische Beanspruchung $(\sigma,\varepsilon,\dot{\varepsilon})$ und die Temperatur T die Struktur verändern können, diese Wechselbeziehungen jedoch weder physikalisch noch experimentell umfassend ermittelt werden konnten, formuliert man (2.5) in verschiedenen Beanspruchungs- und Temperaturbereichen auf der Basis struktureller Modelle oder phänomenologischer Ansätze.

Die mechanische Zustandsgleichung als Sonderfall von (2.5) wird in Bereichen angesetzt, in denen keine das mechanische Verhalten des Werkstoffs wesentlich beeinflussenden Strukturänderungen auftreten:

$$S \approx \text{const.:} \quad f(\sigma,\varepsilon,\dot{\varepsilon},T) = 0\ . \qquad (2.6)$$

In solchen Bereichen nennt man den Werkstoff "mechanisch stabil".

In Anlehnung an die thermodynamische Zustandsgleichung idealer Gase, die nur von den augenblicklichen Werten der Zustandsgrößen Druck, spezifisches Volumen, Temperatur, nicht aber von der Vorgeschichte und dem Weg der Zustandsänderung abhängt, fordert man von einer mechanischen Zustandsgleichung, daß sie in allgemeingültiger Form (2.6) unabhängig von der Beanspruchungsart, der Vorgeschichte und dem Weg der Zustandsänderung den Zusammenhang zwischen den Momentanwerten von $\sigma,\varepsilon,\dot{\varepsilon}$ und T angibt. Dies führt zu bestimmten Integrabilitätsbedingungen, die z.B. HART [21] wieder ausformuliert hat.

Nach der Theorie von der Existenz einer mechanischen Zustandsgleichung nimmt bei isothermen Bedingungen die Dehnung ε bei gegebenen Werten von Spannung σ und Dehngeschwindigkeit $\dot{\varepsilon}$ einen bestimmten Wert an, unabhängig davon, ob die Verformung z.B. im Zugversuch ($\dot{\varepsilon} = \text{const.}$) oder im Kriechversuch ($\sigma = \text{const.}$) ermittelt wird. Lassen sich z.B. die Ergebnisse dieser Versuche ($T = \text{const.}$) durch

$$\ln \varepsilon = f(\dot{\varepsilon}) + \nu \ln \sigma, \qquad \nu = \text{const.}$$

bzw.

$$\ln \varepsilon = g(\sigma) + \mu \ln \dot{\varepsilon}, \qquad \mu = \text{const.} \tag{2.7}$$

darstellen, so folgt aus der Wegunabhängigkeit (Integrabilitätsbedingung) als einfache mechanische Zustandsgleichung

$$\varepsilon = A\,\sigma^{\nu}\,\dot{\varepsilon}^{-\mu}. \tag{2.8}$$

Mit

$$\frac{1}{\nu} \equiv n \; ; \qquad \mu \equiv \frac{n}{m} \tag{2.9}$$

stellt (2.8) einen Sonderfall von (2.4) für $B,C,D \equiv 0$ dar. Wendet man (2.8) mit (2.9) auf den Kriechvorgang an, so erhält man ein Kriechgesetz der Art (Ziff. 3)

$$\varepsilon = A^{*}\,\sigma^{\frac{1}{m+n}}\,t^{\frac{n}{m+n}}, \tag{2.1o}$$

das in anderer Form schon NUTTING [22] angegeben hat.

3. Herleitung der empirischen Kriechgesetze aus der mechanischen Zustandsgleichung

Wenn auch die mechanische Zustandsgleichung nicht uneingeschränkt gültig sein kann (Ziff. 2), läßt sie sich doch zur Vorausbestimmung des Kriechverhaltens aus Ergebnissen des Zugversuchs heranziehen. So zeigten LIPPMANN und WAWRA [23], daß die Kriechkurve $\varepsilon(\sigma,t)$ stets aus der Fließkurve $\sigma(\varepsilon,\dot{\varepsilon})$ des Zugversuchs durch Integration bestimmt werden kann. Unter diesen Voraussetzungen konnte nachgewiesen werden [24], daß die technisch wichtigsten empirischen Kriechgesetze als Sonderfälle der mechanischen Zustandsgleichung (Gl. 2.4)

$$\sigma = A(B+\varepsilon)^{n} \left(\frac{\dot{\varepsilon}}{\dot{\varepsilon}^*}\right)^{m} \qquad (3.1)$$

ermittelt werden können. In (3.1) ist aus Dimensionsgründen die Bezugsgeschwindigkeit $\dot{\varepsilon}^*$ eingeführt.

Für Kriechversuche folgt aus (3.1) die Kriechgeschwindigkeit zu

$$\dot{\varepsilon} = \dot{\varepsilon}^* \left(\frac{\sigma}{A}\right)^{1/m} (B+\varepsilon)^{-n/m} \quad . \qquad (3.2)$$

Unter Berücksichtigung der Anfangsgeschwindigkeit $\dot{\varepsilon}_o$ bei spontaner Aufbringung der Spannung auf den Wert σ, der im Kriechversuch konstant bleibt, ergibt sich die Zeitabhängigkeit der Kriechgeschwindigkeit aus (3.2) zu

$$\dot{\varepsilon} = \dot{\varepsilon}^* \left(\kappa^{n} \frac{\sigma}{A}\right)^{\frac{1}{1+m}} \left[\kappa B^{\frac{1}{\kappa}} \left(\frac{\sigma}{A}\right)^{-\frac{1}{m}} + \dot{\varepsilon}^* t\right]^{-\frac{n}{m+n}} \qquad (3.3)$$

mit

$$\kappa := \frac{m}{m+n} \quad . \qquad (3.4)$$

Da der Verfestigungsexponent n und der Geschwindigkeitsexponent m temperaturabhängig sind (Ziff. 2), lassen sich für die unterschiedlichen Temperaturbereiche als Näherungen Kriechformeln herleiten, die mit den empirischen Kriechgesetzen nach Ziff. 1 vergleichbar sind.

a) logarithmisches Kriechgesetz

Im Bereich niedriger homologer Temperaturen gilt (Ziff. 2) $m/n \ll 1$ und somit $n/(m+n) \approx 1$. Damit folgt aus (3.3)

$$\varepsilon = \varepsilon_o + \left(\kappa^{n} \frac{\sigma}{A}\right)^{\frac{1}{m+n}} \ln\left[1 + \frac{(\sigma/A)^{\frac{1}{m}}}{\kappa B^{\frac{1}{\kappa}}} \dot{\varepsilon}\, t\right] \qquad (3.5)$$

in formaler Übereinstimmung mit (1.3)

$$\varepsilon = \varepsilon_o + \alpha_2 \ln(1+\alpha_3 t) \quad . \qquad (1.3)$$

Die Spannungsabhängigkeit der Koeffizienten α_2 und α_3 ist durch den Vergleich mit (3.5) gegeben.

b) parabolisches Kriechgesetz

Aus (3.3) folgt unmittelbar durch Integration

$$\varepsilon = \varepsilon_o + \kappa^{-\kappa} \left(\frac{\sigma}{A}\right)^{\frac{1}{1+m}} \left[\kappa B^{\frac{1}{\kappa}} \left(\frac{\sigma}{A}\right)^{-\frac{1}{m}} + \dot{\varepsilon}\, t\right]^{\kappa} \qquad (3.6)$$

in formaler Übereinstimmung mit dem Kriechgesetz nach (1.7) von TERLAAK [1o]. Die Spannungsabhängigkeit der Ansatzfreiwerte ist wiederum zu erkennen. Für die Sonderfälle $B \equiv 0$ bzw. $B \equiv 0$ und $m = n/2$ ergeben sich die Kriechgesetze nach (1.6) bzw. (1.5).

c) exponentielles Kriechgesetz

Bei großen B-Werten und kleinen Dehnungen ($\varepsilon << B$) läßt sich (3.1) näherungsweise in der Form

$$\dot{\varepsilon} = \dot{\varepsilon}^* \left(\frac{\sigma}{A}\right)^{\frac{1}{m}} B^{-\frac{n}{m}} \left(1 - \frac{n}{mB}\, \varepsilon\right) \qquad (3.7)$$

darstellen. Durch Integration folgt die Beziehung

$$\varepsilon = \varepsilon_o + \left(\frac{m}{n} B - \varepsilon_o\right)\left(1 - e^{-rt}\right) \qquad (3.8)$$

mit

$$r := \frac{n}{m} B^{-\frac{1}{\kappa}} \left(\frac{\sigma}{A}\right)^{\frac{1}{m}} \quad . \qquad (3.9)$$

Die aus der mechanischen Zustandsgleichung (3.1) ermittelte Kriechbeanspruchung (3.8) stimmt formal mit dem empirischen Kriechgesetz (1.8) nach MC VETTY [11] überein. In (3.9) kommt der Spannungseinfluß auf (3.8) zum Ausdruck.

d) verschwindendes Primärkriechen

Im Bereich sehr hoher homologer Temperaturen wird das Primärkriechen zunehmend unterdrückt. Dazu ergibt sich aus (3.1) mit $n \approx 0$ für sehr große T_h-Werte:

$$\dot{\varepsilon} = \dot{\varepsilon}^* \left(\frac{\sigma}{A}\right)^{\frac{1}{m}} \quad \text{bzw.} \quad \varepsilon = \varepsilon_o + \left(\frac{\sigma}{A}\right)^{\frac{1}{m}} \dot{\varepsilon}^* t \ . \qquad (3.1o)$$

(3.1o) stimmt formal mit dem Kriechgesetz von NORTON und BAILEY [13,14] für das sekundäre Stadium überein. Bei Kriechversuchen mit $\sigma = \text{const.}$ im Bereich sehr hoher homologer Temperaturen ist nach (3.1o) kein primäres Kriechen zu erwarten, wie Versuchsergebnisse auch gezeigt haben [24].

4. Relaxation

Die "Spannungsrelaxation" spielt eine wichtige Rolle bei Schrauben- und Schrumpfverbindungen sowie bei der Festlegung von Bedingungen zum Spannungsarmglühen plastisch verformter Werkstoffe. Um weitgehend die langwierigen und aufwendigen Relaxationsversuche zu vermeiden, wurden Rechenverfahren entwikkelt - eine zusammenfassende Beschreibung befindet sich z.B. in [1] -, die aus einer Vielzahl gemessener Kriechkurven die Ermittlung des Relaxationsverhaltens gestatten sollen. Diese Übertragung läßt sich damit begründen, daß im Relaxationsversuch der Werkstoff auf Kosten der elastischen Dehnung kriecht, während die Gesamtdehnung ε_{ges} konstant gehalten wird, d.h., aus $\dot{\varepsilon}_{ges} = 0$ folgt die Ausgangsgleichung der einachsigen Relaxation

$$\frac{\dot{\sigma}(t)}{E(T)} + \dot{\varepsilon}(\sigma,t) = 0 \qquad (4.1)$$

(E Elastizitätsmodul). Die Spannungs- und Zeitabhängigkeit der Kriechgeschwindigkeit wird durch ein Kriechgesetz berücksichtigt, z.B. über die parabolische Beziehung (2.1o)

$$\varepsilon = A\ \sigma^N\ t^\nu, \qquad \nu < 1 \qquad (4.2)$$

(Ziff. 3), in Verbindung mit der Zeitverfestigungshypothese bzw. der Dehnungsverfestigungshypothese (mechanische Zustandsgleichung).

Nach den Voraussetzungen der Zeitverfestigungshypothese (Ziff. 2) setzt man aus (4.2)

$$\dot{\varepsilon} = A\,\nu\,\sigma^N\ t^{-(1-\nu)} \qquad (4.3)$$

in (4.1) ein und erhält

$$\sigma = \sigma_o\,[1 - A E_1 \sigma_o^{N-1}\, t^{\nu}]^{-\frac{1}{N-1}} \quad . \qquad (4.4)$$

Allerdings zeigen die Rechenwerte [24] nach dieser Hypothese mehr oder weniger große Abweichungen von den Versuchsergebnissen. Eine bessere Übereinstimmung läßt im allgemeinen die Anwendung der Dehnungsverfestigungshypothese (Ziff. 2) erwarten. Danach ist die Kriechgeschwindigkeit $\dot{\varepsilon}$ in Abhängigkeit von der Kriechverformung ε einzusetzen, d.h., aus dem Kriechgesetz (4.3) folgt

$$\dot{\varepsilon} = \nu (A\, \sigma^N)^{\frac{1}{\nu}}\, \varepsilon^{-\frac{1-\nu}{\nu}} \qquad (4.5)$$

und aus (4.2)

$$\nu E A^{\frac{1}{\nu}}\, t = \int_{\sigma}^{\sigma_o} \sigma^{*\,-\frac{N}{\nu}} \left(\frac{\sigma_o - \sigma^*}{E}\right)^{\frac{1-\nu}{\nu}} d\sigma^* \qquad (4.6)$$

(σ^* Integrationsvariable). Im allgeneinen ist, außer für bestimmte Werte von N und ν, das Integral in (4.6) numerisch auszuwerten.

Versuchsergebnisse von HAMMAMI [25] zeigen, daß das Relaxationsverhalten durch die mechanische Zustandsgleichung besser als nach der Zeitverfestigungshypothese beschrieben werden kann.

5. Übergang zwischen den verschiedenen Kriechbereichen

Bei der numerischen Behandlung von Kriechproblemen wird der Einfachheit halber wegen oft nur ein sekundäres Kriechen etwa nach (3.1o) vorausgesetzt. Dies führt im allgemeinen zu einer Unterschätzung der Kriechverformung. Andererseits genügt die Betrachtung allein des primären Kriechens, bei den die Kriechgeschwindigkeit unter einachsiger Beanspruchung monoton abnimmt, nur in Spezialfällen. Daher ist eine einheitliche Beschreibung des Werkstoffverhaltens in den verschiedenen Kriechbereichen vorteilhaft.

Eine für den einachsigen Spannungszustand verhältnismäßig einfache Beschreibung des Kriechverhaltens mit kontinuierlichem Übergang vom primären zum sekundären Stadium erlaubt die

MC VETTY-MARIN-Beziehung (1.9):

$$\varepsilon = \varepsilon_o + \varepsilon_r(1 - e^{-rt}) + \dot{\varepsilon}_s t \qquad (5.1a)$$

bzw.

$$\dot{\varepsilon} = \varepsilon_r r e^{-rt} + \dot{\varepsilon}_s \, . \qquad (5.1b)$$

Nach (5.1a,b) wird die stationäre Kriechgeschwindigkeit $\dot{\varepsilon}_s$ asymptotisch erreicht. Da jedoch ε_r und r auch Funktionen der Spannung sind, z.B. r gemäß (3.9), bereitet die Anwendung von (5.1a,b) bei mehrachsigem Spannungszustand Schwierigkeiten.

Zur Berücksichtigung auch des tertiären Bereichs überlagern GRAHAM und WALLES [26] drei parabolische Zeitgesetze in der Form

$$\varepsilon = (\alpha_1 t)^{\frac{1}{3}} + \alpha_2 t + (\alpha_3 t)^3 \, . \qquad (5.2a)$$

Statt (5.2a) schreibt man allgemeiner

$$\varepsilon = (\alpha_1 t)^{\nu_1} + \alpha_2 t + (\alpha_3 t)^{\nu_3} \, . \qquad (5.2b)$$

Zeit- und Spannungsabhängigkeit berücksichtigen GRAHAM und WALLES [26] in den verschiedenen Kriechstadien durch eine Summe von "NUTTING-Funktionen" (2.1o)

$$\varepsilon = c_1 \sigma^{\beta_1} t^{\kappa_1} + c_2 \sigma^{\beta_2} t^{\kappa_2} + \ldots ; \quad c_i = c_i(T). \qquad (5.3)$$

Superponiert man formal und willkürlich die Kriechgeschwindigkeiten für die verschiedenen Stadien ($\dot{\varepsilon}_p$, $\dot{\varepsilon}_s$, $\dot{\varepsilon}_t$), so hat man Ausgangsgleichungen für eine Vielzahl von Beschreibungsmöglichkeiten mit Berücksichtigung des Übergangs zwischen den einzelnen Bereichen

$$\dot{\varepsilon} = \dot{\varepsilon}_p + \dot{\varepsilon}_s \qquad (5.4)$$

bzw.

$$\dot{\varepsilon} = \dot{\varepsilon}_p + \dot{\varepsilon}_s + \dot{\varepsilon}_t \, . \qquad (5.5)$$

In (5.4) und (5.5) gilt für die minimale Kriechgeschwindigkeit stets

$$\dot{\varepsilon}_{min} \geqq \dot{\varepsilon}_s \quad . \qquad (5.6)$$

Man kann z.B. für (5.4) Potenzgesetze in den Spannungen, etwa in Anlehnung an (1.1o), (2.1o), (3.1o), kombinieren:

$$\dot{\varepsilon}_p = K_p^* \sigma^{N_p^*} t^{-\nu} \; ; \qquad \dot{\varepsilon}_s = K \sigma^N \; . \tag{5.7}$$

Die Überlagerung gemäß (5.4) und (5.7) wird in [27] rechnerisch und experimentell für eine Reihe von Werkstoffen untersucht und führt nach der Dehnungsverfestigungshypothese unter bestimmten Voraussetzungen [27] auf ein Kriechgesetz der Form

$$\dot{\varepsilon} = K_p \sigma^{N_p} \varepsilon^{-M} + K \sigma^N \tag{5.8}$$

mit

$$\frac{N_p^*}{1-\nu} := N_p \; ; \quad \frac{\nu}{1-\nu} := M \; . \tag{5.9}$$

Aus (5.8) folgt mit $N_p = N$ nach [27]

$$\dot{\varepsilon} = K(1 + \frac{K_p}{K} \varepsilon^{-M}) \sigma^N$$

oder mit

$$\varepsilon_1 := (\frac{K_p}{K})^{\frac{1}{M}} \tag{5.1o}$$

schließlich

$$\dot{\varepsilon} = K \left[1 + (\frac{\varepsilon}{\varepsilon_1})^{-M}\right] \sigma^N \; . \tag{5.11}$$

Bild 5-1 zeigt einen Vergleich [27] zwischen Versuchsergebnissen an SF-Kupfer im Zugkriechversuch und Rechenwerten nach (5.11). Über Gültigkeits- und Anwendungsbereiche für andere Werkstoffe wird in [27] berichtet.

Das Kriechgesetz (5.11) wird in den Kap. B bis D und G angewandt. Für den NORTON-BAILEY-Exponenten N sind bei Hochtemperaturkriechen Werte zwischen 3 und 6 zu erwarten. Der Zeitexponent ν liegt bei hohen Temperaturen zwischen $\frac{1}{3}$ und $\frac{1}{2}$, so daß für M mit Werten etwa zwischen 1 und 2 zu rechnen ist. Die in (5.1o) definierte Dehnung ε_1 liegt in der Größenordnung 10^{-2}.

Weitere Kombinationen für (5.4) und Anwendungen von (5.5) sollen hier nicht besprochen werden. Sie sind Gegenstand der Untersuchungen in [28].

B MEHRACHSIGE KRIECHBEANSPRUCHUNG

6. Stoffgleichungen

Die Beschreibung mehrachsiger Spannungs- und Verzerrungszustände beim Kriechen wird hier nach Form und Umfang nur so weit erörtert, wie es für die anschließenden Kapitel notwendig ist. Dazu werde formal von der Existenz eines plastischen Potentials [29]

$$F = F(\underline{\underline{\sigma}}, \ldots) \tag{6.1}$$

ausgegangen ($\underline{\underline{\sigma}}$ Spannungstensor; Punkte stehen gegebenenfalls für weitere Variable). Der Spannungstensor $\underline{\underline{\sigma}}$ und der irreversible Anteil $\dot{\underline{\underline{\varepsilon}}}$ des Verzerrungsgeschwindigkeitstensors sind durch die Fließregel [29] verknüpft:

$$\dot{\underline{\underline{\varepsilon}}} = \dot{\lambda} \frac{\partial F}{\partial \underline{\underline{\sigma}}} \; ; \qquad \dot{\lambda} \geq 0 \, . \tag{6.2}$$

Mit der Definition

$$\frac{\partial F}{\partial \underline{\underline{\sigma}}} := \underline{\underline{F}}_{\sigma} \tag{6.3}$$

ergibt sich eine andere Schreibweise von (6.2)

$$\dot{\underline{\underline{\varepsilon}}} = \dot{\lambda} \, \underline{\underline{F}}_{\sigma} \quad . \tag{6.4}$$

Versteht man in (6.4) unter $\dot{\underline{\underline{\varepsilon}}}$ nur den Kriechanteil des Verzerrungsgeschwindigkeitstensors, so ist $\dot{\lambda}$ durch einen einachsigen Kriechversuch $(\sigma, \dot{\varepsilon})$ zu ermitteln:

$$\dot{\lambda} = \frac{\dot{\varepsilon}}{F_{\sigma}} \; ; \qquad F_{\sigma} := \frac{\partial F}{\partial \sigma} \quad . \tag{6.5}$$

Mit (6.4) geht (6.5) in

$$\dot{\underline{\underline{\varepsilon}}} = \frac{\dot{\varepsilon}}{F_{\sigma}} \underline{\underline{F}}_{\sigma} \tag{6.6}$$

über oder mit der Definition

$$\frac{\dot{\varepsilon}}{F_{\sigma}} := P(\cdot) \tag{6.7}$$

in

$$\dot{\underline{\underline{\varepsilon}}} = P(\cdot) \, \underline{\underline{F}}_{\sigma} \; . \tag{6.8}$$

In (6.8) steht P(·) nach (6.7) für das bei einachsigem Spannungszustand (einachsigem Kriechversuch) ermittelte Stoff- oder Kriechgesetz.

Bei isotropem Werkstoffverhalten kann mit den Hauptinvarianten I_1, I_2, I_3 des Spannungstensors

$$P = P(I_1, I_2, I_3; \ldots) \tag{6.9}$$

gesetzt werden; bei zusätzlich inkompressiblem Kriechverhalten steht zweckmäßig statt (6.9)

$$P = P(I_2', I_3'; \ldots) \tag{6.10}$$

mit den Hauptinvarianten $I' \equiv 0, I_2', I_3'$ des Spannungsdeviators

$$\underline{\underline{\sigma}}' = \underline{\underline{\sigma}} - \frac{1}{3}\,\underline{\underline{1}}\ \mathrm{sp}(\underline{\underline{\sigma}})$$

($\underline{\underline{1}}$ Eins- oder Substitutionstensor; $\mathrm{sp}(\underline{\underline{\sigma}})$ Spur von $\underline{\underline{\sigma}}$).

Wählt man als Potential die quadratische Form nach MISES [30]

$$F = 3I_2' = \frac{3}{2}\,\underline{\underline{\sigma}}' \cdot \underline{\underline{\sigma}}' \,, \tag{6.11}$$

so liefert (6.8)

$$\dot{\underline{\underline{\varepsilon}}} = 3P(\cdot)\ \underline{\underline{\sigma}}' \,. \tag{6.12}$$

Die Kriechfunktion P(·) nach (6.7) ergibt sich aus dem einachsigen Kriechversuch mit

$$\underline{\underline{\sigma}}' = \frac{2}{3}\sigma\begin{pmatrix}1 & 0 & 0\\ 0 & -\frac{1}{2} & 0\\ 0 & 0 & -\frac{1}{2}\end{pmatrix} \;;\quad \dot{\underline{\underline{\varepsilon}}} = \dot{\varepsilon}\begin{pmatrix}1 & 0 & 0\\ 0 & -\frac{1}{2} & 0\\ 0 & 0 & -\frac{1}{2}\end{pmatrix} \;;\quad F = \sigma^2 \tag{6.13}$$

zu

$$P(\cdot) = \frac{1}{2}\,\dot{\varepsilon}/\sigma, \tag{6.14}$$

so daß (6.12) in

$$\dot{\underline{\underline{\varepsilon}}}/\dot{\varepsilon} = \frac{3}{2}\,\underline{\underline{\sigma}}'/\sigma \tag{6.15}$$

übergeht. (6.15) entspricht den aus dem quadratischen Potential

$F = 3I_2'$ folgenden Stoffgleichungen (LÉVY-MISES-Gln.).

Durch Überschieben ergibt sich aus (6.15)

$$\dot{\underline{\underline{\varepsilon}}} \cdot \dot{\underline{\underline{\varepsilon}}}/\dot{\varepsilon}^2 = \frac{9}{4} \underline{\underline{\sigma}}' \cdot \underline{\underline{\sigma}}'/\sigma^2 . \qquad (6.16)$$

(6.16) legt die Definitionen

$$\underline{\underline{\sigma}}' \cdot \underline{\underline{\sigma}}' = \alpha\sigma^2 , \qquad (6.17a)$$

$$\dot{\underline{\underline{\varepsilon}}} \cdot \dot{\underline{\underline{\varepsilon}}} = \beta\dot{\varepsilon}^2 \qquad (6.17b)$$

nahe. Aus (6.16) und (6.17a,b) folgt für die Proportionalitätskoeffizienten

$$\beta = \frac{9}{4}\alpha . \qquad (6.18)$$

Da im einachsigen Grundversuch (Vergleichsspannungszustand) nach (6.13)

$$\underline{\underline{\sigma}}' \cdot \underline{\underline{\sigma}}' = \frac{2}{3}\sigma^2 \qquad (6.19)$$

sein muß, erhält man aus (6.17a) bis (6.19)

$$\alpha = \frac{2}{3} , \quad \beta = \frac{3}{2} . \qquad (6.2o)$$

Damit sind Vergleichsspannung σ und Vergleichsformänderungsgeschwindigkeit $\dot{\varepsilon}$ formal wie beim plastischen Fließen mit isotroper Verfestigung definiert:

$$\sigma = \left(\frac{3}{2} \underline{\underline{\sigma}}' \cdot \underline{\underline{\sigma}}'\right)^{\frac{1}{2}} \equiv (3I_2')^{\frac{1}{2}} ; \qquad (6.21)$$

$$\dot{\varepsilon} = \left(\frac{2}{3} \dot{\underline{\underline{\varepsilon}}} \cdot \dot{\underline{\underline{\varepsilon}}}\right)^{\frac{1}{2}} . \qquad (6.22)$$

Den Zusammenhang zwischen σ und $\dot{\varepsilon}$ regelt die im einachsigen Kriechgrundversuch ermittelte Kriechfunktion $P(\cdot)$ nach (6.14).

7. Beispiele für Funktionen $P(\cdot)$

Von den in Kap. A behandelten Kriechgesetzen beschreibt der einfachste Potenzansatz

$$\dot{\varepsilon} = K\,\sigma^{N} \qquad (7.1)$$

das sekundäre Kriechen nach NORTON und BAILEY [13,14]. Mit (7.1) als Beziehung zwischen Vergleichsformänderungsgeschwindigkeit (6.22) und Vergleichsspannung (6.21) lautet die zugeordnete Kriechfunktion (6.14)

$$P(\cdot) = \frac{1}{2}\,K\,\sigma^{N-1}\,, \qquad (7.2)$$

und die Stoffgleichung (6.12) für die sekundäre Kriechgeschwindigkeit $\dot{\underline{\underline{\varepsilon}}}$ geht in

$$\dot{\underline{\underline{\varepsilon}}} = \frac{3}{2}\,K\,\sigma^{N-1}\,\underline{\underline{\sigma}}' \qquad (7.3)$$

über oder mit (6.21) in

$$\dot{\underline{\underline{\varepsilon}}} = \frac{3}{2}\,K\,\left(\frac{3}{2}\,\underline{\underline{\sigma}}' \cdot \underline{\underline{\sigma}}'\right)^{\frac{N-1}{2}}\,\underline{\underline{\sigma}}' \qquad (7.4)$$

bzw. in

$$\dot{\underline{\underline{\varepsilon}}} = \frac{3}{2}\,K\,(3I_2')^{\frac{N-1}{2}}\,\underline{\underline{\sigma}}'\,. \qquad (7.5)$$

(7.5) entspricht der Hauptgleichung der sogenannten Invariantentheorie von ODQVIST [1,31].

Interpretiert man die Versuchsergebnisse beim einachsigen Kriechversuch im Primärbereich durch (Kap. A)

$$\dot{\varepsilon} = K_p\,\sigma^{N_p}\,\varepsilon^{-M}\,, \qquad (7.6)$$

so liefern (6.14) bzw. (6.15)

$$P(\cdot) = \frac{1}{2}\,K_p\,\sigma^{N_p-1}\,\varepsilon^{-M} \qquad (7.7)$$

bzw.

$$\dot{\underline{\underline{\varepsilon}}} = \frac{1}{2}\,K_p\,\sigma^{N_p-1}\,\varepsilon^{-M}\,\underline{\underline{\sigma}}'\,. \qquad (7.8)$$

In (7.8) ist die Kriech-Vergleichsformänderung ε nach der Definition (6.22) mit

$$\varepsilon = \sqrt{\frac{2}{3}} \int_{o}^{t} (\dot{\underline{\underline{\varepsilon}}} \cdot \dot{\underline{\underline{\varepsilon}}})^{\frac{1}{2}} \, dt^* \qquad (7.9)$$

einzusetzen.

Wählt man für das Primärkriechen und ein (asymptotisches) Sekundärkriechen gemäß (7.6) und (7.1) die gemeinsame Interpolationsfunktion (Ziff. 5)

$$\dot{\varepsilon} = K_p \, \sigma^{N_p} \, \varepsilon^{-M} + K \, \sigma^{N} , \qquad (7.1o)$$

so lautet die Kriechfunktion (6.14)

$$P(\cdot) = \frac{1}{2}(K_p \, \sigma^{N_p-1} \, \varepsilon^{-M} + K \, \sigma^{N-1}) \, . \qquad (7.11)$$

Läßt sich die Vereinfachung (Ziff. 5)

$$N_p = N \qquad (7.12)$$

ansetzen, so ergibt sich aus (7.11) die spezielle Form

$$P(\cdot) = \frac{1}{2} \, (K_p \, \varepsilon^{-M} + K) \, \sigma^{N-1} \, . \qquad (7.13)$$

Die in dieser Ziffer besprochenen Beispiele für P(·) sind in Tabelle 7-I zusammengestellt.

Tabelle 7-I Beispiele (Potenzansätze) für Kriechfunktionen P(·)

Fall	2 P(·)	Kriechbereich
α	$K \, \sigma^{N-1}$	sekundär
β	$K_p \, \sigma^{N_p-1} \, \varepsilon^{-M}$	primär
γ	$K_p \, \sigma^{N_p-1} \, \varepsilon^{-M} + K \, \sigma^{N-1}$	primär + (asympt.) sekundär
δ	$(K_p \, \varepsilon^{-M} + K) \, \sigma^{N-1}$	Spezialfall von γ

8. Anwendungsbeispiele

Für rechtwinklige kartesische Koordinaten (x,y,z) und Zylinderkoordinaten (r,α,z) werden zur Anwendung in den folgenden Kap. zwei Beispiele behandelt.

a) Kartesische Koordinaten

Bei ebener Verformung ($\varepsilon_y \equiv 0$) und Orientierung nach den Hauptachsen lauten die Koordinaten des Versagensgeschwindigkeitstensors

$$\underline{\underline{\dot{\varepsilon}}} = \begin{pmatrix} \dot{\varepsilon}_x & 0 & 0 \\ 0 & 0 & 0 \\ 0 & 0 & \dot{\varepsilon}_z \end{pmatrix} . \tag{8.1}$$

Aus der verschwindenden Spur des Tensors $\underline{\underline{\dot{\varepsilon}}}$

$$\dot{\varepsilon}_{ii} = 0 \tag{8.2}$$

folgt

$$\dot{\varepsilon}_x = - \dot{\varepsilon}_z , \tag{8.3}$$

und (8.1) schreibt sich einfacher

$$\underline{\underline{\dot{\varepsilon}}} = \dot{\varepsilon}_z \begin{pmatrix} -1 & 0 & 0 \\ 0 & 0 & 0 \\ 0 & 0 & 1 \end{pmatrix} . \tag{8.4}$$

Mit den Koordinaten (8.4) ergibt sich die Vergleichsformänderungsgeschwindigkeit aus (6.22) zu

$$\dot{\varepsilon} = \frac{2}{\sqrt{3}} |\dot{\varepsilon}_z| = \frac{2}{\sqrt{3}} |\dot{\varepsilon}_x| \tag{8.5}$$

Die Beträge $|\dot{\varepsilon}_z|$ bzw. $|\dot{\varepsilon}_x|$ in (8.5) tragen der positiven Definition von $\dot{\varepsilon}$ Rechnung.

Aus der Stoffgleichung (6.12) für das quadratische Potential (6.11) folgt mit $\dot{\varepsilon}_y \equiv 0$ auch $\sigma'_y \equiv 0$ oder

$$\sigma_y = \frac{1}{2} (\sigma_x + \sigma_z) . \tag{8.6}$$

Die Koordinaten des Spannungstensors $\underline{\underline{\sigma}}$ lassen sich daher durch

$$\underline{\underline{\sigma}} = \begin{pmatrix} \sigma_x & 0 & 0 \\ 0 & \frac{\sigma_x + \sigma_z}{2} & 0 \\ 0 & 0 & \sigma_z \end{pmatrix} \qquad (8.7)$$

darstellen. Damit findet man die Vergleichsspannung (6.21) zu

$$\sigma = \frac{\sqrt{3}}{2} \, |\sigma_x - \sigma_z| \; . \qquad (8.8)$$

Die Schreibweise (8.8) berücksichtigt, daß auch σ positiv definiert ist.

b) Zylinderkoordinaten

Sind die Normalspannungen σ_r, σ_α, σ_z Hauptnormalspannungen, so lautet das quadratische Schema der Koordinaten des Spannungstensors

$$\underline{\underline{\sigma}} = \begin{pmatrix} \sigma_r & 0 & 0 \\ 0 & \sigma_\alpha & 0 \\ 0 & 0 & \sigma_z \end{pmatrix}$$

oder für den Spezialfall $\sigma_\alpha = \sigma_r$

$$\underline{\underline{\sigma}} = \begin{pmatrix} \sigma_r & 0 & 0 \\ 0 & \sigma_r & 0 \\ 0 & 0 & \sigma_z \end{pmatrix} \; . \qquad (8.9)$$

Nach (6.21) ist die Vergleichsspannung

$$\sigma = |\sigma_r - \sigma_z| \; . \qquad (8.1o)$$

Für den Verzerrungsgeschwindigkeitstensor $\underline{\underline{\dot{\varepsilon}}}$ schreibt sich in diesem Fall

$$\underline{\underline{\dot{\varepsilon}}} = \dot{\varepsilon}_z \begin{pmatrix} -\frac{1}{2} & 0 & 0 \\ 0 & -\frac{1}{2} & 0 \\ 0 & 0 & 1 \end{pmatrix} , \qquad (8.11)$$

da aus $sp(\underline{\underline{\dot{\varepsilon}}}) = 0$

$$\dot{\varepsilon}_r = \dot{\varepsilon}_\alpha = -\frac{1}{2}\,\dot{\varepsilon}_z \qquad (8.12)$$

folgt.

Die Vergleichsformänderungsgeschwindigkeit (6.22) ist nunmehr

$$\dot{\varepsilon} = |\dot{\varepsilon}_z| = 2\,|\dot{\varepsilon}_r| \,. \qquad (8.13)$$

C ALLGEMEINE DARSTELLUNG DER UNTERSUCHTEN KRIECHPROBLEME

9. Formalidentische Beschreibung der Kriechversuche

Wie die in den Kap. D bis G entwickelten Beziehungen zeigen, lassen sich "physikalische" und "technische" Kriechversuche für die in diesem Bericht behandelten Fälle formalidentisch beschreiben. Dazu definiert man Größen κ_m bzw. κ_F, die einer maßgebenden mittleren Spannung bzw. Kraft (oder Innendruck bei Behältern) proportional sind. Beim Druckkriechen geradkreiszylindrischer Proben, deren Durchmesser sich vom Anfangswert D_o zeitabhängig unter Wirkung einer Stauchkraft F auf D(t) vergrößert, sind z.B. diese Größen durch

$$\kappa_m = \frac{F}{\frac{\pi}{4} D^2(t)} \tag{9.1}$$

bzw.

$$\kappa_F = \frac{F}{\frac{\pi}{4} D_o^2} \tag{9.2}$$

gegeben.

In allen untersuchten Fällen findet man formalidentisch

$$\kappa_m = \sigma(t)\ \varphi(\varepsilon(t)) \tag{9.3}$$

bzw.

$$\kappa_F = \kappa_m \exp\left[\alpha_F\ \varepsilon(t)\right] . \tag{9.4}$$

In (9.3) bzw. (9.4) bedeuten: σ Vergleichsspannung, ε Vergleichsformänderung während des Kriechens; t Zeit; $\varphi(\varepsilon)$ bzw. α_F eine charakteristische Funktion bzw. Konstante des jeweiligen Kriechproblems. Die Funktion $\varphi(\varepsilon)$ und die Problemkonstante α_F sind von der Geometrie sowohl der Beanspruchung als auch der Probe oder des Bauteils abhängig.

Aus (9.3) und (9.4) folgt, daß man die Beziehungen für den physikalischen Kriechversuch aus den Ergebnissen des technischen erhält, wenn man

$$\alpha_F \equiv 0 \tag{9.5}$$

setzt.

1o. Technischer und physikalischer Kriechversuch

Ein Kriechversuch wird als technisch durchgeführt bezeichnet (Ziff. 9), wenn die maßgebende Belastung - bei Druck- und Zugproben die Axialkraft F, bei Behältern z.B. der innere Überdruck p - während der Beanspruchung konstant bleibt. Nach der Definition von κ_F bedeutet dies:

$$\dot{F} \equiv 0, \ \dot{p} \equiv 0: \qquad \dot{\kappa}_F \equiv 0 , \tag{1o.1}$$

und aus (1o.1) folgt mit (9.4)

$$\dot{\kappa}_m \exp(\alpha_F \varepsilon) + \kappa_m \alpha_F \dot{\varepsilon} \exp(\alpha_F \varepsilon) = 0$$

oder

$$\kappa_m(t) = \kappa_{mo} \exp\{-\alpha_F [\varepsilon(t) - \varepsilon_o]\} . \tag{1o.2}$$

In (1o.2) bedeuten für

$$t = 0: \qquad \kappa_{mo} := \kappa(0) ; \qquad \varepsilon_o := \varepsilon(0) . \tag{1o.3}$$

Im allgemeinen wird der Zeitpunkt $t = 0$ so gewählt, daß die Kriech-Vergleichsformänderung

$$\varepsilon_o = 0 \tag{1o.4}$$

gesetzt werden kann, so daß (1o.2) in

$$\kappa_m(t) = \kappa_{mo} \exp[-\alpha_F \varepsilon(t)] \tag{1o.5}$$

übergeht. Wird κ_m nach (9.3) in (1o.5) eingeführt, so ergibt sich

$$\frac{\sigma}{\sigma_o} = \frac{\varphi_o}{\varphi(\varepsilon)} \exp(-\alpha_F \varepsilon) \tag{1o.6}$$

mit

$$t = 0: \qquad \sigma_o := \sigma(0) ; \qquad \varphi_o := \varphi(0) . \tag{1o.7}$$

Unabhängig vom Kriechgesetz $\dot{\varepsilon} = \dot{\varepsilon}(\sigma, \varepsilon, \ldots)$ stellt (1o.6) die allgemeine Lösung für den technischen Kriechversuch in den hier (Kap. D bis G) untersuchten Belastungsfällen dar.

Beim physikalischen Kriechversuch wird eine maßgebende Spannung konstant gehalten (Ziff. 9); dies führt nach der Definition von

κ_m auf die Bedingung:

$$\dot{\kappa}_m \equiv 0 \; . \qquad (10.8)$$

Mit (9.3) oder einfacher mit (1o.6) und (9.5) erhält man als allgemeine Lösung für den physikalischen Kriechversuch

$$\frac{\sigma}{\sigma_o} = \frac{\varphi_o}{\varphi(\varepsilon)} \; . \qquad (10.9)$$

Im allgemeinen wird im folgenden das Kriechgesetz (5.11)

$$\dot{\varepsilon} = K \left[1 + \left(\frac{\varepsilon}{\varepsilon_1}\right)^{-M} \right] \sigma^N \qquad (10.10)$$

benutzt. Nach (1o.6) ist dabei

$$\sigma^N = \sigma_o^N \varphi_o^N \varphi^{-N} \exp(-\alpha_F N \varepsilon) \; ; \qquad \sigma(0) := \sigma_o \qquad (10.11)$$

zu setzen, so daß für den technischen Kriechversuch (1o.1o) in

$$\dot{\varepsilon} = K \sigma_o^N \varphi_o^N \varphi^{-N} \left[1 + \left(\frac{\varepsilon}{\varepsilon_1}\right)^{-M} \right] \exp(-\alpha_F N \varepsilon) \qquad (10.12)$$

oder mit der Definition

$$\psi(\varepsilon) := \varphi^{-N} \left[1 + \left(\frac{\varepsilon}{\varepsilon_1}\right)^{-M} \right] \exp(-\alpha_F N \varepsilon) \qquad (10.13)$$

in

$$\dot{\varepsilon} = K \sigma_o^N \varphi_o^N \cdot \psi(\varepsilon) \qquad (10.14)$$

übergeht. Für den Beginn des Kriechversuchs ($t = 0$) ergibt sich mit (1o.13) und (1o.14)

$$\psi(0) := \psi_o = \varphi_o^{-N} \left[1 + \left(\frac{\varepsilon_o^*}{\varepsilon_1}\right)^{-M} \right] \exp(-\alpha_F N \varepsilon_o^*) \; , \qquad (10.15a)$$

$$\dot{\varepsilon}(0) := \dot{\varepsilon}_o = K \sigma_o^N \varphi_o^N \cdot \psi_o \; . \qquad (10.15b)$$

Die endliche Größe von ψ_o nach (1o.15b) fordert in (1o.15a) zur Zeit $t = 0$ formal die Anfangsverformung ε_o^*. Sie kann als die Verformung (Vergleichsformänderung) gedeutet werden, bei deren

Erreichen sich der Kriechvorgang eingespielt hat. In (1o.12) und (1o.13) sowie im weiteren wird die Verformung ε_o^* als vernachlässigbar angesehen, sie kann jedoch in numerischen Auswertungen über den zusätzlichen Parameter $\dot{\varepsilon}_o$ gemäß (1o.15a,b) berücksichtigt werden.

Mit (1o.13) bis (1o.15) schreibt sich die Kriechgeschwindigkeit für den technischen Kriechversuch allgemein

$$\dot{\varepsilon} = \dot{\varepsilon}_o \; \psi(\varepsilon)/\psi_o \tag{1o.16}$$

oder mit

$$\dot{\varepsilon}_o/\psi_o := \dot{\varepsilon}_o^* = K \; \sigma_o^N \; \varphi_o^N \tag{1o.17}$$

nach (1o.15b)

$$\dot{\varepsilon} = \dot{\varepsilon}_o^* \; \psi(\varepsilon) \; . \tag{1o.18}$$

Für die Kriechverformung $\varepsilon = \varepsilon(t,\ldots)$ folgt daraus

$$\int_o^{\varepsilon} \frac{d\varepsilon^*}{\psi(\varepsilon^*)} = \dot{\varepsilon}_c^* \; t \tag{1o.19}$$

(ε^* Integrationsvariable). Mit der Definition

$$\int_o^{\varepsilon} \frac{d\varepsilon^*}{\psi(\varepsilon^*)} := \Psi(\varepsilon) \tag{1o.2o}$$

lautet (1o.19) auch

$$\Psi(\varepsilon) = \dot{\varepsilon}_o^* \; t \;\Rightarrow\; \varepsilon = \varepsilon(\dot{\varepsilon}_o^* \; t) \; . \tag{1o.21}$$

Für den physikalischen Kriechversuch ist entsprechend (9.5) in $\psi(\varepsilon)$ nach (1o.13) zu setzen:

$$\psi(\varepsilon) = \varphi^{-N} \left[1 + \left(\frac{\varepsilon}{\varepsilon_1}\right)^{-M} \right] \; . \tag{1o.22}$$

D DRUCKKRIECHEN

11. Elementare Plastizitätstheorie des Stauchens

Zur Behandlung des Druckkriechens bei mehrachsiger Beanspruchung (Endflächenreibung) unter den hier gemachten Voraussetzungen wird von der elementaren Theorie des Stauchvorgangs ausgegangen. Die Grundgleichungen sind besonders ausführlich in [32] erörtert worden.

Die Geometrie des Stauchvorgangs zwischen parallelen (starren) Platten ist in Bild 11-1 sowohl für das Streifenmodell (ebene Umformung) als auch das Röhrenmodell (axialsymmetrische Umformung) schematisch dargestellt. Beschrieben wird der Stauchvorgang in rechtwinkligen kartesischen Koordinaten (x,y,z) bzw. in Zylinderkoordinaten (r,α,z). Dabei genügt es, für das Streifenmodell allein die bezogene Ortskoordinate

$$\xi = \frac{x}{L/2}, \qquad (11.1)$$

für das Röhrenmodell die Koordinate

$$\xi = \frac{r}{D/2} \qquad (11.2)$$

zu benutzen, da nach den Voraussetzungen der elementaren Theorie die Spannungen (σ_z, σ_x bzw. $\sigma_r = \sigma_\alpha, \tau_{xz}$ bzw. τ_{rz}) in der Form

$$p(\xi) := -\sigma_z(\xi, \pm h), \qquad (11.3a)$$

$$\tau(\xi) := \tau_{xz}(\xi, \pm h) \text{ bzw. } \tau(\xi) := \tau_{rz}(\xi, \pm h), \qquad (11.3b)$$

$$q(\xi) := -\frac{1}{H}\int_{-h}^{+h} \sigma_x(\xi,z)dz \text{ bzw. } q(\xi) := -\frac{1}{H}\int_{-h}^{+h} \sigma_r(\xi,z)dz \qquad (11.3c)$$

berücksichtigt werden (Bild 11-1). Damit ergibt sich aus dem Kräftegleichgewicht in ξ-Richtung unter Berücksichtigung der Fließbedingungen für beide Modelle nach der elementaren Theorie (entsprechend den Gln. 8.8 und 8.1o)

$$\tau = -\frac{H}{L}\frac{dp}{d\xi} \quad \text{bzw.} \quad \tau = -\frac{H}{D}\frac{dp}{d\xi} \qquad (11.4)$$

oder mit den Definitionen

$$\eta := \frac{L}{H} \quad \text{bzw.} \quad \eta := \frac{D}{H} \tag{11.5}$$

formalidentisch für beide Modelle

$$\eta\tau = -\frac{dp}{d\xi} . \tag{11.6}$$

Bei der Integration von (11.6) müssen unterschiedliche "Reibungsgesetze" beachtet werden, z.B. für

$$\underline{\text{Gleiten}}: \quad \tau = \mu p , \tag{11.7a}$$

$$\underline{\text{Haften}}: \quad \tau = \frac{1}{2} k_e \quad \text{(Streifenmodell)} \tag{11.7b}$$

$$\underline{\text{Haften}}: \quad \tau = \frac{1}{2} k_f \quad \text{(Röhrenmodell)} . \tag{11.7c}$$

In (11.7a) ist μ der Koeffizient der Gleitreibung zwischen Stauchkörper und Druckplatte. In (11.7b,c) sind mit der Vergleichsspannung σ (Ziff. 8) die sogenannte Formänderungsfestigkeit k_f und die "Formänderungsfestigkeit bei ebener Verformung" k_e durch

$$k_e := \frac{2}{\sqrt{3}} k_f \; ; \quad k_f := \sigma \tag{11.8}$$

definiert. Als einheitliche Schreibweise von (11.7b,c) für Streifen- und Röhrenmodell werde hier:

$$\underline{\text{Haften}}: \quad \tau = \frac{1}{2} k_{e,f} \tag{11.9}$$

benutzt.

Die Berechnung der Verteilung $p(\xi)$ aus (11.6) ergibt für

$$\underline{\text{Gleiten}}: \quad p = k_{e,f} \exp [\mu\eta(1-\xi)] . \tag{11.1o}$$

Erreicht an der Stelle ξ^* innerhalb der Kontaktfläche $z = \pm h$ die Druckspannung (11.3a) den Wert

$$p^* = \frac{k_{e,f}}{2\mu} , \tag{11.11}$$

so liegt im Bereich $\xi = [0,\xi^*]$

$$\underline{\text{Gleiten und Haften}}: \quad p = p^* + \frac{1}{2} k_{e,f} \, \eta(\xi^* - \xi) \tag{11.12}$$

vor. Für $\xi = \xi^*$ folgt aus (11.1o)

$$p^* = k_{e,f} \exp[\mu\eta(1-\xi^*)] \qquad (11.13a)$$

und durch Vergleich mit (11.11)

$$\xi^* = 1-\delta \; ; \qquad \delta := \frac{\gamma}{2\mu} \; . \qquad (11.13b)$$

In (11.13b) ist

$$\gamma := \ln \frac{1}{2\mu} \; . \qquad (11.14)$$

Mit der auf L/2 bzw. D/2 bezogenen Ausdehnung des Gleitreibungsbereichs δ in ξ-Richtung gilt:

$$\begin{aligned} &\delta = 0: && \mu \geqq \tfrac{1}{2}: && \xi^* = 1: && \text{nur Haften ,} \\ &0 < \delta < 1: && && \xi^* = 1-\delta: && \text{Gleiten und Haften,} \qquad (11.15) \\ &\delta = 1: && && \xi^* = 0: && \text{nur Gleiten.} \end{aligned}$$

Mit $\delta = 1$ geht z.B. (11.1o) aus (11.12) und (11.13a) hervor.

Die mittlere Druckspannung

$$p_m = \int_0^1 p(\xi)d\xi$$

beim Streifenmodell beträgt mit $p(\xi)$ nach (11.12) und (11.13a) für

<u>Gleiten und Haften</u>: $p_m = k_e\,\xi^*\{\exp[\mu\eta(1-\xi^*) + \frac{1}{4}\eta\xi^*\} +$

$$+ \frac{k_e}{\mu\eta}\{\exp[\mu\eta(1-\xi^*)] - 1\} \qquad (11.16)$$

und mit $\xi^* = 1$, d.h. $\delta = 0$ nach (11.15) für

<u>Gleiten</u>: $$p_m = \frac{k_e}{\mu\eta}[\exp(\mu\eta) - 1] \; , \qquad (11.17)$$

sowie mit $\xi^* = 1$ für den Grenzfall

<u>Haften</u>: $$p_m = k_e(1 + \frac{1}{4}\eta) \; . \qquad (11.18)$$

Die Stauchkraft je Breiteneinheit ist beim Streifenmodell

$$F = p_m L \; . \qquad (11.19)$$

Der Mittelwert

$$p_m = 2 \int_0^1 p(\xi)\, \xi d\xi$$

beim Röhrenmodell ergibt sich p_m für die verschiedenen "Reibungsgesetze" zu

Gleiten und Haften: $$p_m = k\,\xi^* \{ (\xi + \frac{2}{\mu\eta} \exp[\mu\eta(1-\xi^*)] + \frac{1}{6}\eta\xi^{*2} \} + \frac{2k_f}{\mu\eta} \{ \frac{1}{\mu\eta} \left[\exp[\mu\eta(1-\xi^*)] - 1 \right] - 1 \} , \quad (11.2o)$$

Gleiten ($\xi^* = 0$): $$p_m = \frac{2k_f}{\mu\eta} \{ \frac{1}{\mu\eta} [\exp(\mu\eta) - 1] - 1 \} , \quad (11.21)$$

Haften ($\xi^* = 1$): $$p_m = k_f (1 + \frac{1}{6}\eta) . \quad (11.22)$$

Mit p_m folgt die Stauchkraft beim Röhrenmodell zu

$$F = \frac{\pi}{4} D^2 p_m . \quad (11.23)$$

12. Gemeinsame Beschreibung für Streifen- und Röhrenmodell

Die wichtigsten Beziehungen der Ziff. 11 sind in meistens abweichender Bezeichnungsweise dem Schrifttum [32] entnommen. Sie werden nunmehr zur Übertragung auf das Druckkriechen (Ziff. 13) in einheitlicher Schreibweise umgeformt.

Wird in (11.16) für das Streifenmodell mit (11.13b) und (11.14)

$$\exp[\mu\eta(1-\xi^*)] = \frac{1}{2\mu} \quad (12.1)$$

eingeführt, so lauten die beiden Terme in (11.16)

$$(I)_S = \frac{1}{2\mu} - \frac{\gamma}{2\mu} - \frac{\gamma}{2\mu^2}\eta^{-1} + \frac{\gamma}{4\mu^2}\eta^{-1} + \frac{1}{4}\eta$$

$$(II)_S = \frac{1}{\mu}\left(\frac{1}{2\mu} - 1\right)\eta^{-1} .$$

Mit $p_m/k_e = (I)_S + (II)_S$ ergibt sich für das Streifenmodell bei gleichzeitig in der Kontaktzone vorliegendem

$$\underline{\text{Gleiten und Haften}}: \quad \frac{p_m}{k_e} = \frac{1-\gamma}{2\mu} + \frac{1-2\mu-\gamma+\frac{1}{2}\gamma^2}{2\mu^2}\eta^{-1} + \frac{1}{4}\eta \,. \quad (12.2)$$

Die entsprechende Berechnung der beiden Terme in (11.2o) liefert

$$(I)_R = \frac{1-\gamma}{2\mu} + \frac{2-2\gamma+\gamma^2}{2\mu^2}\eta^{-1} + \frac{-2\gamma+\gamma^2-\frac{1}{3}\gamma^3}{2\mu^3}\eta^{-2} + \frac{1}{6}\eta \,,$$

$$(II)_R = 2\,\frac{1-2\mu}{2\mu^3}\eta^{-2} - \frac{2}{\mu}\eta^{-1} \,,$$

so daß mit $p_m/k_f = (I)_R + (II)_R$ für das Röhrenmodell und

$$\underline{\text{Gleiten und Haften}}: \quad \frac{p_m}{k_f} = \frac{1-\gamma}{2\mu} + \frac{2(1-2\mu)-2\gamma+\gamma^2}{2\mu^2}\eta^{-1} + \frac{2(1-2\mu)-2\gamma+\gamma^2-\frac{1}{3}\gamma^3}{2\mu^3}\eta^{-2} + \frac{1}{6}\eta \quad (12.3)$$

folgt. Somit lassen sich (12.2) und (12.3) formalidentisch schreiben:

$$\underline{\text{Gleiten und Haften}}: \quad \frac{p_m}{k_{e,f}} = \mu_o + \mu_1\eta^{-1} + \mu_2\eta^{-2} + \frac{1}{\beta}\eta \,. \quad (12.4)$$

In (12.4) sind die μ_i Funktionen des Reibungsbeiwerts μ. Die μ_i nach (12.2) bis (12.4)

$$\mu_o = \frac{1-\gamma}{2\mu} \,, \quad (12.5)$$

$$\mu_{1S} = \frac{1-2\mu-\gamma+\frac{1}{2}\gamma^2}{2\mu^2} \,; \quad \mu_{1R} = 2\mu_{1S} \,, \quad (12.6)$$

$$\mu_{2R} = \frac{\mu_{1R}}{\mu} - \frac{1}{6}\left(\frac{\gamma}{\mu}\right)^3 \quad (12.7)$$

(S $\hat{=}$ Streifen-, R $\hat{=}$ Röhrenmodell); und die Faktoren β sind in <u>Tabelle 12-I</u> zusammengestellt.

Die Funktionen $\mu_i(\mu)$ sind in <u>Bild 12-1</u> wiedergegeben. Die Darstellung zeigt deutlich, daß die μ_i schon für $\mu \approx o{,}3$ ihre

Tabelle 12-I Funktionen $\mu_i(\mu)$ und Faktoren β für Streifen- und Röhrenmodell

Modell	Streifen-	Röhren-	Gleichung
$\mu_o(\mu)$	$\mu_{oS} \equiv \mu_o$	$\mu_{oR} \equiv \mu_o$	(12.5)
$\mu_1(\mu)$	μ_{1S}	$\mu_{1R} = 2\mu_{1S}$	(12.6)
$\mu_2(\mu)$	$\mu_{2S} \equiv 0$	$\mu_{2R} = \frac{\mu_{1R}}{\mu} - \frac{1}{6}\left(\frac{\gamma}{\mu}\right)^3$	(12.7)
β	$\beta_S = 4$	$\beta_R = 6$	(12.4)

Grenzwerte für $\mu \to \frac{1}{2}$ sehr angenähert erreichen:

$$\mu > 0{,}3: \qquad \mu_o \approx 0{,}8 \ldots 1; \quad \mu_1 \approx 0; \quad \mu_2 \approx 0 \; . \tag{12.10}$$

Damit können "praktisch" bereits für Reibungskoeffizienten $\mu > 0{,}3$ die Werte von $p_m/k_{e,f}$ für Haften nach (11.18) bzw. (11.22) mit β nach Tabelle 12-I eingesetzt werden

$$0{,}3 < \mu < 0{,}5: \qquad \frac{p_m}{k_{e,f}} \approx 1 + \frac{\eta}{\beta} \; . \tag{12.11}$$

Die Beziehungen für (11.17) und (11.21) lauten in zusammenfassender Schreibweise:

$$\underline{\text{Gleiten}}: \qquad \frac{p_m}{k_{e,f}} = \frac{\zeta}{(\mu\eta)^{\zeta-1}}\left[\frac{\exp(\mu\eta) - 1}{\mu\eta} - (\zeta-1)\right] \tag{12.12}$$

mit den Zahlenwerten für ζ nach Tabelle 12-II.

Tabelle 12-II Zahlenwerte ζ in (12.12)

Modell	Streifen-	Röhren-
ζ	1	2

Durch Reihenentwicklung folgt aus (11.17) und (11.20) zusammengefaßt

$$\underline{\text{Gleiten}}: \qquad \frac{p_m}{k_{e,f}} = 1 + \zeta \sum_{\nu=1}^{\infty} \frac{(\mu\eta)^{\nu}}{(\zeta+\nu)!} \; . \tag{12.13}$$

In (12.13) ist ζ formal nach Tabelle 12-II einzusetzen.

Die Beziehungen (12.4) und (12.12) sind in Bild 12-2 für das Streifenmodell, in Bild 12-3 für das Röhrenmodell dargestellt. Die Grenzen

$$\frac{p_m^*}{k_e} = \frac{1 - 2\mu}{2\mu\gamma} \tag{12.14}$$

bzw.

$$\frac{p_m^*}{k_f} = \frac{1 + 2\mu(\gamma - 1)}{\mu\gamma^2} \tag{12.15}$$

zwischen den Bereichen für Gleiten bzw. Gleiten und Haften sind mit γ nach (11.14) in den Bildern 12-2 bzw. 12-3 eingetragen.

13. Übertragung auf das Druckkriechen

Das kontinuierliche Stauchen ist ein instationärer Vorgang. Die Beziehungen nach Ziff. 12 können daher auf das Druckkriechen in Form der allgemeinen Darstellung in den Ziff. 9 und 1o nur unter einschränkenden Voraussetzungen übertragen werden und dann auch nur näherungsweise. Die wichtigsten Einschränkungen sind:

a) Spannungs- und Verformungszustand genügen den in der Einleitung festgelegten Bedingungen.

b) Die Gleichgewichtsbedingung (11.6) kann für das Druckkriechen genau genug durch

$$\eta\tau = -\frac{\partial p}{\partial \xi} \tag{13.1}$$

ausgedrückt werden. Dann läßt sich der Kriechvorgang durch eine "genügend langsame Folge von quasistationären Zuständen" beschreiben.

Das mehrachsige Druckkriechen ist schon von BETTEN [33] und TROOST und BETTEN [34] rechnerisch untersucht worden. Darin wurde jedoch nicht immer die Voraussetzung a) konsequent beachtet; so wurden Lösungen der Plastizitätstheorie unmodifiziert übernommen, ohne die zeitabhängige Änderung des Spannungszustands während des Kriechens zu berücksichtigen. Ferner wird keine systematische Darstellung des Druckkriechens sowohl streifenförmiger als auch zylindrischer Stauchkörper gegeben.

Auch der Einfluß verschiedener Reibungsarten und deren Kombination wird nicht untersucht. Schließlich wird die Voraussetzung b) nicht herausgestellt.

Beim Streifenmodell ergibt sich aus Ziff. 8a für die während des Kriechens zeitlich veränderlichen Abmessungen L(t) und H(t) mit

$$\varepsilon_x = \ln L/L_o, \quad \varepsilon_z = \ln H/H_o \tag{13.2}$$

und der Vergleichsformänderung

$$\varepsilon = \frac{2}{\sqrt{3}} |\varepsilon_x| = \frac{2}{\sqrt{3}} |\varepsilon_z| : \tag{13.3}$$

$$H = H_o \exp(-\frac{\sqrt{3}}{2}\varepsilon); \quad L = L_o \exp(\frac{\sqrt{3}}{2}\varepsilon). \tag{13.4}$$

Damit ist in (12.2) bzw. (12.12)

$$\eta = \eta_o \exp(\sqrt{3}\,\varepsilon); \quad \eta_o := L_o/H_o \tag{13.5}$$

mit $\varepsilon = \varepsilon(t)$ einzusetzen. Die Funktion $\varphi(\varepsilon)$ nach (9.3) lautet damit z.B. für

<u>Gleiten und Haften</u>: $\varphi_S(\varepsilon) = \mu_o + \mu_{1S}\eta_o^{-1}\exp(-\sqrt{3}\,\varepsilon) + \frac{1}{4}\eta_c \exp(\sqrt{3}\varepsilon)$, (13.6)

wenn man entsprechend Ziff. 9

$$\kappa_{mS} := \frac{\sqrt{3}}{2} p_{mS} \tag{13.7}$$

setzt. Die Stauchkraft wird nach Ziff. 9 durch die bezogene Größe

$$\kappa_{FS} := \frac{\sqrt{3}}{2}\frac{F}{L_o} \tag{13.8}$$

ausgedrückt, so daß aus dem Vergleich von (9.4) mit (13.7) und (13.8)

$$\alpha_{FS} = \frac{\sqrt{3}}{2} \tag{13.9}$$

folgt.

Beim Röhrenmodell ergibt sich nach Ziff. 8b mit

$$\varepsilon_r = \ln D/D_o \; ; \qquad \varepsilon_z = \ln H/H_o \tag{13.1o}$$

und

$$\varepsilon = |\varepsilon_z| = 2\,\varepsilon_r \tag{13.11}$$

der Reihe nach:

$$H = H_o \exp(-\,\varepsilon) \; ; \qquad D = D_o \exp(\tfrac{1}{2}\,\varepsilon) \; ; \tag{13.12}$$

$$\eta = \eta_o \exp(\tfrac{3}{2}\,\varepsilon) \; ; \qquad \eta_o := D_o/H_o \; ; \tag{13.13}$$

$$\varphi_R(\varepsilon) = \mu_o + \mu_{1R}\,\eta_o^{-1}\exp(-\,\tfrac{3}{2}\,\varepsilon) + \mu_{2S}\exp(-\,3\,\varepsilon) + \tfrac{1}{6}\,\eta_o\exp(\tfrac{3}{2}\,\varepsilon) \tag{13.14}$$

(φ_R für Gleiten und Haften).

$$\alpha_F = 1 \; . \tag{13.15}$$

Dabei ist definiert:

$$\kappa_{mR} = p_{mR} \; ; \qquad \kappa_{FR} = \frac{F}{\frac{\pi}{4}\,D_o^2} \tag{13.16}$$

Die Beziehungen für das Druckkriechen sind in Tabelle 13-I zusammengestellt.

Tabelle 13-I Beziehungen zum Druckkriechen

<table>
<tr><th>Modell</th><th>Streifen-</th><th>Röhren-</th><td rowspan="4">Reibung</td></tr>
<tr><td>η_o
η/η_o</td><td>L_o/H_o
$\exp(\sqrt{3}\ \varepsilon)$</td><td>$D_o/H_o$
$\exp(\frac{3}{2}\ \varepsilon)$</td></tr>
<tr><td>$\kappa_m = \sigma\,\varphi$
$\kappa_F = \kappa_m \exp(\alpha_F \varepsilon)$</td><td>$\frac{\sqrt{3}}{2}\ p_{mS}$
$\frac{\sqrt{3}}{2}\ \frac{F}{L_o}$</td><td>$p_{mR}$
$\frac{F}{\frac{\pi}{4} D_o^2}$</td></tr>
<tr><td>α_F</td><td>$\frac{\sqrt{3}}{2}$</td><td>1</td></tr>
<tr><td colspan="3">$\varphi(\varepsilon) = \frac{\zeta}{(\mu\eta)^{\zeta-1}} \left[\frac{\exp(\mu\eta) - 1}{\mu\eta} - (\zeta-1)\right]$</td><td rowspan="2">Gleiten</td></tr>
<tr><td>ζ</td><td>1</td><td>2</td></tr>
<tr><td colspan="3">$\varphi(\varepsilon) = \mu_o + \mu_1 \eta + \mu_2 \eta^{-2} + \frac{\eta}{\beta}$</td><td rowspan="2">Gleiten
und
Haften</td></tr>
<tr><td>μ_o
μ_1
μ_2
β</td><td>μ_o
μ_{1S}
0
4</td><td>μ_o
$\mu_{1R} = 2\mu_{1S}$
μ_{2R}
6</td></tr>
<tr><td colspan="3">$\varphi(\varepsilon) = 1 + \frac{\eta}{\beta}$</td><td>Haften</td></tr>
</table>

14. Kriechverhalten bei Druckbeanspruchung

Bei der Beschreibung des Druckkriechverhaltens werden nach den Beziehungen in den Kap. C und D jeweils drei Funktionen untersucht:

a) $\dot{\varepsilon}/\dot{\varepsilon}_o^*$ von ε als Maß für die Kriechgeschwindigkeit nach (1o.13) und (1o.18),

b) $\dot{\varepsilon}/\dot{\varepsilon}_o^*$ von $\dot{\varepsilon}_o^* t$ für den Zeiteinfluß auf $\dot{\varepsilon}$,

c) ε von $\dot{\varepsilon}_o^* t$ für die Kriechkurve entsprechend (1o.21).

Dabei sind zu unterscheiden: Streifen- und Röhrenmodell (Bilder 14-1 bis 14-3), physikalischer und technischer Kriechversuch (Bilder 14-4 bis 14-6), Einfluß der Kriechparameter M,N,ε_1 (Bilder 14-7 bis 14-12), Auswirkung der Geometrie (Bilder 14-13 bis 14-15), Reibungseinfluß (Bilder 14-16 bis 14-18). Schließlich werden Beispiele für Versuchsergebnisse (Bilder 14-19 und 14-2o) und für Umsetzungen der Spannungsverteilung an der Stauchbahn während des Kriechens angegeben (Bild 14-21).

Die Bilder 14-1 bis 14-3 zeigen die drei Abhängigkeiten im Vergleich des Kriechverhaltens von Streifen- und Röhrenmodell im technischen Versuch für $\eta_o = 2$, $\mu = 0$ und o,5 sowie für die Kriechparameter $\varepsilon_1 = o{,}o2$; $M = 1$; $N = 5$. Erwartungsgemäß geben die entwickelten Beziehungen die geringere Kriechneigung des Röhrenmodells wieder. Da Druckkriechversuche bevorzugt an kreiszylindrischen Proben durchgeführt werden, wird in den weiteren Anwendungen nur noch das Röhrenmodell untersucht.

Das unterschiedliche Kriechverhalten im physikalischen ($\alpha_F = 0$) bzw. im technischen ($\alpha_F = 1$) Kriechversuch für das Röhrenmodell (Tabelle 13-I) ist in den Bildern 14-4 bis 14-6 für die drei Funktionen mit $\eta_o = 2$; $\varepsilon_1 = o{,}o2$; $M = 1$; $N = 5$ und $\mu = 0...o{,}5$ dargestellt. Bei kleinen Kriechverformungen und Zeiten stimmen $\dot{\varepsilon}$ bzw ε in beiden Versuchsarten weitgehend überein, da sich die Abmessungsänderungen noch nicht auswirken. Unterschiede beginnen sich jedoch schon für $\varepsilon = 1o^{-2}$ abzuzeichnen; sie werden groß für $\varepsilon > 1o^{-1}$. Besonders deutlich macht sich dies im charakteristischen Verhalten der Kriechgeschwindigkeiten bemerkbar, die in diesem Verformungsbereich beim technischen Kriechversuch zunehmend verzögert werden, während im physikalischen Versuch die

Verzögerung sogar monoton abnimmt. Dabei ist allerdings die doppeltlogarithmische Darstellung (Potenznetz) zu beachten. Die Reibung beim Druckkriechen verringert, wie aus Bild 14-5 hervorgeht, im möglichen Bereich zwischen $\mu = 0$ (Reibungsfreiheit) und $\mu = 0{,}5$ (Grenzfall der Haftreibung) die Kriechgeschwindigkeit für $\varepsilon > 10^{-1}$ um eine Zehnerpotenz.

Die Bilder 14-7 bis 14-9 geben den Einfluß der Kriechexponenten $N = 1...9$ sowie $M = 1$ und 2 für $\eta_o = 2$; $\mu = 0{,}1$; $\varepsilon_1 = 0{,}02$ wieder. Bei kleinen Kriechverformungen prägt sich der Exponent M besonders stark aus, da hier die primäre Komponente im Kriechgesetz überwiegt. Für größere Verformungen ($\varepsilon > 5 \cdot 10^{-2}$) wirkt sich der Exponent M nur noch unwesentlich aus, während für $\varepsilon > 0{,}1 ... 0{,}2$ der sekundäre Anteil im Kriechgesetz, ausgedrückt durch den Exponenten $N = 1...9$ das Kriechverhalten maßgeblich bestimmt. Hier wird z.B. die Kriechgeschwindigkeit durch die unterschiedlichen N-Werte von 1 bis 9 um eine Zehnerpotenz vermindert.

In den Bildern 14-10 bis 14-12 ist die Auswirkung der Bezugsdehnung nach (5.10) im Bereich $\varepsilon_1 = 0...0{,}05$ für $\eta_o = 2$; $\mu = 0{,}1$; $N = 5$; $M = 1$ und 2 dargestellt.+) Die Größe ε_1 beeinflußt bei kleinen Verformungen, d.h. überwiegendem Primäranteil, die Kriechkurven besonders stark, mit steigendem Sekundäranteil nimmt dieser Einfluß jedoch immer mehr ab und wird etwa für $\varepsilon > 10^{-1}$ fast bedeutungslos. Daher wird in den weiteren Beispielen ein "mittlerer" Wert $\varepsilon_1 = 0{,}02$ eingesetzt.

Die Auswirkung der Probengeometrie ($\eta_o = D_o/H_o$) ist in den Bildern 14-13 bis 14-15 für den Reibungsbeiwert $\mu = 0{,}1$ und die Kriechparameter $\varepsilon = 0{,}02$; $N = 5$; $M = 1$ und 2 dargestellt. Im Bereich $\eta_o = 2...20$ können sich demnach Kriechgeschwindigkeit $\dot{\varepsilon}$ und Kriechverformung allein aufgrund unterschiedlicher Abmessungsverhältnisse η_o um zwei Zehnerpotenzen unterscheiden. Demgegenüber erstreckt sich der Einfluß des Reibungskoeffizienten μ nach den Bildern 14-16 bis 14-18 ($\eta_o = 2$; $\varepsilon_1 = 0{,}02$; $N = 5$; $M = 1$ und 2) für $\varepsilon > 0{,}1$ über höchstens eine Zehnerpotenz.

Die charakteristischen Formen der berechneten $\dot{\varepsilon}/\dot{\varepsilon}_o^*$-$\varepsilon$- und ε - $\dot{\varepsilon}_o^* t$ -Kurven werden durch das Experiment bestätigt, wie Ver-

+) $\varepsilon_1 = 0$ beschreibt gemäß (5.11) alleiniges sekundäres Kriechen
chen

suchsergebnisse nach [35] an Ti Al 6 V4 zeigen (Bilder 14-19 und 14-2o).

Bild 14-21 zeigt die Umlagerung der Normalspannung p - bezogen auf die Vergleichsspannung σ_o zu Kriechbeginn (t = O) - an der Stauchbahn während des Kriechens in Abhängigkeit von der bezogenen Ortskoordinate r/R (Bild 11-1). Der Übergang von Haften, beginnend in Bahnmitte (r = O), zu Gleiten ist jeweils gekennzeichnet.

15. Mittlerer und regulierender Reibungsbeiwert

Beim Stauchvorgang und damit auch für das Druckkriechen lassen sich z.B. zum Vergleich von Versuchsergebnissen mit Rechenwerten unterschiedliche Reibungsbeiwerte experimentell ermitteln bzw. definieren, etwa der mittlere Reibungskoeffizient μ_m und der regulierende Reibungsbeiwert μ_{reg}. Die Größe μ_m ergibt sich entsprechend dem AMONTONS-COULOMBschen Gesetz aus der Reibkraft $\frac{1}{2} F_\mu$ in der Hälfte der Kontaktzone und der in derselben Fläche wirkenden Normalkraft $\frac{1}{2}$ F zu

$$\mu_m = \frac{F_\mu}{F} \qquad (15.1)$$

oder, da die Wirkungsflächen für beide Kräfte gleich sind, auch aus den Mittelwerten von $\tau(\xi)$ und $p(\xi)$ zu

$$\mu_m = \frac{\tau_m}{p_m} . \qquad (15.2)$$

Vergleicht man die gemessene Stauchkraft F_{exp} mit einer berechneten Kraft F_{theor}, so stellt man durch Anpassung des Reibungsbeiwerts Übereinstimmung zwischen Versuch und Theorie her. Dies führt zur Bildung eines angepaßten oder regulierenden Reibungsbeiwerts

$$\mu_{reg}: \qquad F_{exp} \overset{!}{=} F_{theor} . \qquad (15.3)$$

Da man bei einem Experiment, in dem man nur eine Meßgröße, die Stauchkraft F_{exp}, bestimmt, nicht zwischen Bereichen mit Gleiten und mit Haften unterscheiden kann, wählt man zur Ermittlung von F_{theor} im allgemeinen die Beziehung (12.13) für alleiniges Gleiten.

Zum Vergleich mit Meßergebnissen sollen in dieser Ziffer die Reibungsbeiwerte μ_m und μ_{reg} berechnet werden. Sie stimmen unter den gemachten Voraussetzungen für Gleiten mit dem "wahren" Reibungskoeffizient μ überein:

Gleiten: $$\mu_m \equiv \mu; \qquad \mu_{reg} \equiv \mu \, , \tag{15.4}$$

und nehmen mit steigendem Haftreibungsanteil ($0 < \xi^* \leqq 1$) immer mehr gegenüber μ ab:

Gleiten und Haften: $$\mu_m < \mu; \qquad \mu_{reg} < \mu \, . \tag{15.5}$$

Beim Druckkriechen mit Haftanteil werden die Beiwerte μ_m und μ_{reg} zeitabhängig

Gleiten und Haften: $$\mu_m = \mu_m(t); \quad \mu_{reg} = \mu_{reg}(t) \, . \tag{15.6}$$

Dies gilt auch bei zeitunabhängigem "wahrem" Reibungsbeiwert

$$\mu \neq \mu(t) \, . \tag{15.7}$$

Die Voraussetzung (15.7) wird bei der Übertragung der nachfolgenden Berechnungen auf das Druckkriechen beibehalten.

Für das Streifenmodell ergibt sich die mittlere Schubspannung in der Kontaktzone (Bild 11-1) zu

$$\tau_m = \int_0^1 \tau(\xi) d\xi \tag{15.8}$$

oder mit der Gleichgewichtsbedingung (11.6b) zu

$$\tau_m = -\frac{1}{\eta} \int_{\xi=0}^{\xi=1} dp(\xi) \, . \tag{15.9}$$

Aus (15.9) folgt

$$\tau_m = -\frac{1}{\eta} [p(1) - p(0)] \tag{15.10a}$$

oder mit (11.12) usw.

$$\tau_m = \frac{k_e}{\eta} \left(\frac{1-\gamma}{2\mu} - 1 + \frac{1}{2}\eta\right) \, . \tag{15.10b}$$

Setzt man τ_m nach (15.10b) und p_m entsprechend (12.2) in (15.2) ein, so erhält man den mittleren Reibungsbeiwert für

$$\text{\underline{Gleiten und Haften}:} \quad \mu_{mS} = \frac{\mu_o - 1 + \frac{1}{2}\eta}{\mu_{1S} + \mu_o\eta + \frac{1}{4}\eta^2} \,. \qquad (15.11)$$

Für große η-Werte strebt μ_{mS} einem von μ unabhängigen Wert zu:

$$\mu_{mS} \rightarrow \frac{2}{\eta} \,. \qquad (15.12)$$

Für das Streifenmodell gilt nach (15.11) bei alleinigem

$$\text{\underline{Haften}} \ (\mu \geqq \tfrac{1}{2}): \qquad (\mu_{mS})_H = \frac{\frac{1}{2}}{1 + \frac{1}{4}\eta} \,. \qquad (15.13)$$

Beim Übertragen auf das Druckkriechen ist in (15.11) bis (15.13) lediglich die Zeitabhängigkeit $\eta(t)$ entsprechend dem Kriechgesetz (Ziff. 14) zu beachten.

Der mittlere Reibungskoeffizient μ_m für das Streifenmodell ist in Bild 15-1 abhängig von η und μ dargestellt. Die Übergangskurve zwischen den Bereichen mit Gleiten ($\mu_m = \mu$) und Gleiten sowie Haften ($\mu_m < \mu$), deren Gleichung aus (12.1) mit $\xi^* = 0$ zu

$$\eta^* = \gamma/\mu \qquad (15.14)$$

folgt, ist in Bild 15-1 ebenfalls wiedergegeben; für $\eta = \eta^*$ besitzt μ_{mS} nach (15.11) ein Maximum.

Beim Röhrenmodell ist die mittlere Schubspannung

$$\tau_m = 2 \int_0^1 \tau(\xi)\,\xi\,d\xi, \qquad (15.15)$$

und die Rechnung liefert für

$$\text{\underline{Gleiten und Haften}:} \quad \frac{\tau_m}{k_f} = \frac{1}{2} + 2(\mu_o - 1)\eta^{-1} + \frac{\gamma^2/(4\mu) + \mu_o - 1}{\mu}\eta^{-2}, \qquad (15.16)$$

so daß der mittlere Reibungsbeiwert für

Gleiten und Haften: $$\mu_{mR} = 2\,\frac{\dfrac{\gamma^2/(4\mu) + \mu_o - 1}{\mu} + (\mu_o - 1)\eta + \frac{1}{4}\eta^2}{\mu_{2R} + \mu_{1R}\eta + \mu_o\eta^2 + \frac{1}{6}\eta^3} \qquad (15.17)$$

lautet mit

$$\mu_{mR} \to \frac{3}{\eta} \qquad (15.18)$$

$$(\mu_{mR})_H = \frac{\frac{1}{2}}{1 + \frac{1}{6}\eta} \,. \qquad (15.19)$$

Der mittlere Reibungskoeffizient für das Röhrenmodell ist in Bild 15-2 dargestellt.

Der (rechnerische) regulierende Reibungsbeiwert ergibt sich für das Streifenmodell durch Gleichsetzen der p_m-Werte nach (12.2) und (12.12) mit $\zeta = 1$, $\zeta' = 0$:

$$\mu = \mu_{regS}: \qquad \frac{\exp(\mu\eta) - 1}{\mu\eta} = \frac{1-\gamma}{2\mu} + \frac{1 - 2\mu - \gamma + \frac{1}{2}\gamma^2}{2\mu^2}\,\eta^{-1} + \frac{1}{4}\eta \,. \qquad (15.20)$$

Die Ergebnisse der Auswertung von (15.2o) sind in Bild 15-3, die Resultate der entsprechenden Rechnung für das Röhrenmodell in Bild 15-4 wiedergegeben. Danach ist bis auf Grenzfälle in der Regel $\mu_{reg} > \mu_m$, wie auch der in den Bildern 15-5 und 15-6 dargestellte Zusammenhang zwischen den bezogenen Größen μ_{reg}/μ und μ_m/μ für Streifen- sowie Röhrenmodell zeigt.

E ZUGKRIECHEN

16. Grundgleichungen

Mehrachsiges Zugkriechen tritt auf, wenn sich im Zeitstandversuch unter Zugbeanspruchung der Probestab einschnürt (Tertiärstadium). Dieses Verhalten wird bei geringen homologen Temperaturen T_h beobachtet, z.B. bei Kupfer um $T_h \approx 0{,}2$. Die Geschwindigkeitsempfindlichkeit des Werkstoffs bestimmt die Kriechgeschwindigkeit der Zugprobe unter konstanter Kraft (technischer Kriechversuch), führt zu einer ausgeprägten Einschnürung und schließlich zum transkristallinen duktilen Bruch. Im gesamten Verformungsbereich läßt sich dieses Werkstoffverhalten durch eine mechanische Zustandsgleichung beschreiben, deren Form man in Zugversuchen mit jeweils konstanter Dehngeschwindigkeit ermitteln kann. Für die Untersuchungen in diesem Kapitel sei die einfache Form

$$\sigma = K \left(\frac{\dot{\varepsilon}}{\dot{\varepsilon}^*}\right)^m \varepsilon^n \quad ; \quad m,n < 1 \qquad (16.1)$$

gewählt, die aus (2.4) mit $B,C,D \equiv 0$ und $K := A$ folgt. Für die aus Dimensionsgründen eingeführte Bezugsgeschwindigkeit kann z.B. $\dot{\varepsilon}^* = 1\,h^{-1}$ eingesetzt werden. Bei mehrachsigem Spannungszustand sind in (16.1) σ bzw. ε die Vergleichsspannung bzw. die (plastische) Vergleichsformänderung (Kap. B).

Probestäbe aus vielkristallinem metallischem Werkstoff können herstellungsbedingte geometrische Ungenauigkeiten (Formabweichungen) - nach DIN 5o 125 werden bei zylindrischen Zugproben Zylindrizitätsfehler bis zu ± o,5 % zugelassen - und Materialinhomogenitäten aufweisen. Diese geometrischen und/oder strukturellen Imperfektionen führen zu einer zunehmend ungleichmäßigen Verformungsverteilung entlang der Meßstrecke [36,37], die schließlich eine ausgeprägte Einschnürung einleitet. Einige Grundgleichungen für den Einschnürvorgang bei konstanter Kraft F (Zugkriechen) wurden in einer früheren Arbeit [38] angegeben.

Mit Beginn der Einschnürung entsteht im Einschnürbereich des Probestabs ein mehrachsiger Spannungszustand. Dabei unterscheiden sich im engsten Querschnitt S_{min} die mittlere Spannung

$$\bar{\sigma} = \frac{F}{S_{min}} \tag{16.2}$$

und die Vergleichsspannung, wie z.B. Näherungsrechnungen von DAVIDENKOV und SPIRIDONOVA [39] zeigen:

$$\frac{\bar{\sigma}}{\sigma} = 1 + \frac{1}{4}\alpha; \qquad \alpha := \frac{A_{min}}{R} \quad . \tag{16.3}$$

In (16.3) bedeuten: A_{min} Probenradius, R Krümmungsradius der Einschnürkontur an der engsten Stelle ($S_{min} = \pi A^2_{min}$). Mit der Formänderung ε ergibt sich die Vergleichsspannung nach (16.2) und (16.3) zu

$$\sigma = \sigma_o (1 + \frac{1}{4}\alpha)^{-1} \exp \varepsilon . \tag{16.4}$$

In (16.4) ist

$$\sigma_o = \frac{F}{S_o} \tag{16.5}$$

die Anfangsspannung des Zugstabs für $F = const.$ (S_o Anfangsquerschnitt).

Das Kriechverhalten eines sich einschnürenden Zugstabs läßt sich über den Zusammenhang zwischen Vergleichsspannung σ und Kriechgeschwindigkeit $\dot{\varepsilon}$ nach (16.1) und (16.4) bestimmen, wenn das Verhältnis $\alpha = A/R$ als Funktion der Vergleichsdehnung ε bzw. der Zeit t abgeschätzt werden kann. Dazu wird aus früheren Arbeiten [4o,41] über den Einschnürvorgang das Ergebnis übernommen, daß man das Einschnürprofil bis zum Bruch durch

$$y = \frac{c}{1 + k c x^2} \tag{16.6}$$

beschreiben kann. In (16.6) bedeuten: $x = X/A_g$ auf den Probenradius A_g bei der größten Gleichmaßdehnung ε_g bezogener Abstand X von der engsten Stelle; $y = (A_g - A)/A_g$ auf A_g bezogene Einschnürtiefe an der Stelle X; A Probenradius an der Stelle X; $c = (A_g - A_{min})/A_g$; k vom Werkstoff und den Versuchsbedingungen abhängiger, während der Zeitstandbeanspruchung aber konstant bleibender Profilparameter. Mit der Profilfunktion (16.6) ergeben sich:

$$A_{min} = (1 - c) A_g \, , \tag{16.7a}$$

$$R = \frac{A_g}{2\,k\,c^2} \,. \qquad (16.7b)$$

Berücksichtigt man mit dem Anfangsradius A_o der Kriechprobe die Formänderungen

$$\varepsilon = 2 \ln \frac{A_o}{A_{min}} \,; \qquad \varepsilon_g = 2 \ln \frac{A_o}{A_g} \,, \qquad (16.8)$$

so erhält man aus (16.7a)

$$c = 1 - \exp\left(- \frac{\varepsilon - \varepsilon_g}{2}\right). \qquad (16.9)$$

Damit folgt das Verhältnis $\alpha = A_{min}/R$ zu

$$\alpha = 2\,k\,E(1-E)^2 \,, \qquad (16.1oa)$$

$$E := \exp\left(- \frac{\varepsilon-\varepsilon_g}{2}\right) \,, \qquad (16.1ob)$$

und (16.4) geht in

$$\sigma = \sigma_o \left[1 + \frac{1}{2} k\,E(1-E)^2\right]^{-1} \exp \varepsilon \qquad (16.11)$$

über.

17. Kriechverhalten im Einschnürbereich; Versagenszeit

Führt man σ nach der mechanischen Zustandsgleichung, z.B. nach (16.1), in (16.11) ein, kann das Kriechverhalten im Einschnürbereich einer Zugprobe beschrieben werden:

$$K\left(\frac{\dot\varepsilon}{\dot\varepsilon^*}\right)^m \varepsilon^n = \sigma_o\left[1 + \frac{1}{2} k\,E(1-E)^2\right]^{-1} \exp \varepsilon \,. \qquad (17.1)$$

Aus (17.1) erhält man die Kriechgeschwindigkeit $\dot\varepsilon_g$ zu Beginn der Einschnürung, d.h. für $\varepsilon = \varepsilon_g$ oder nach (16.1ob) für $E \equiv 0$, zu

$$\dot\varepsilon_g = \dot\varepsilon^* \left(\frac{\sigma_o}{K}\right)^{\frac{1}{m}} \varepsilon_g^{-\frac{n}{m}} \exp \frac{\varepsilon_g}{m} \qquad (17.2)$$

und die Kriechgeschwindigkeit an der engsten Stelle im Einschnürbereich zu

$$\dot{\varepsilon} = \dot{\varepsilon}^*\left(\frac{\sigma_o}{K}\right)^{\frac{1}{m}} \varepsilon^{-\frac{n}{m}} \left[1 + \frac{1}{2} k E (1 - E^2)\right]^{-\frac{1}{m}} \exp \frac{\varepsilon}{m} . \quad (17.3)$$

Aus (17.2) und (17.3) folgt der gesuchte Zusammenhang zwischen der Kriechgeschwindigkeit $\dot{\varepsilon}$ und der Kriechdehnung ε an der engsten Stelle des sich einschnürenden Stabbereichs zu

$$\frac{\dot{\varepsilon}}{\dot{\varepsilon}_g} = \left(\frac{\varepsilon}{\varepsilon_g}\right)^{-\frac{n}{m}} \left[1 + \frac{1}{2} k E (1 - E^2)\right]^{-\frac{1}{m}} , \quad (17.4)$$

$$E := \exp\left(- \frac{\varepsilon - \varepsilon_g}{2}\right) . \quad (16.1ob)$$

Die rechte Seite von (17.4) entspricht formal der in Ziff. 1o und weiterhin benutzten Funktion $\psi(\varepsilon)$, so daß (17.4) formalidentisch zu (1o.18) geschrieben werden kann:

$$\dot{\varepsilon} = \dot{\varepsilon}_g \, \psi(\varepsilon) . \quad (17.5)$$

Aus (17.4) bzw. (17.5) folgt für die Kriechdehnung

$$\int_{\varepsilon_g}^{\varepsilon} \frac{\varepsilon^*}{\dot{\varepsilon}(\varepsilon^*)/\dot{\varepsilon}_g} = \dot{\varepsilon}_g (t - t_g) \Rightarrow \varepsilon = \varepsilon(\varepsilon_g ; \dot{\varepsilon}_g (t - t_g)) . \quad (17.6)$$

In (17.6) ist mit t_g die Zeit zu Beginn der Einschnürung ($\varepsilon = \varepsilon_g$) bezeichnet. Das Integral in (17.6) muß im allgemeinen numerisch berechnet werden. Zur Auswertung wird man den Verfestigungsexponenten n etwa der Formänderung ε_g gleichsetzen:

$$n \approx \varepsilon_g . \quad (17.7)$$

Unter diesen Voraussetzungen nach (17.4) bis (17.6) in Abhängigkeit von $\dot{\varepsilon}_g (t - t_g)$ berechnete Kriechdehnungen ε zeigt Bild 17-1 für die Parameter k,m,n. Da nach den berechneten Kriechkurven für eine endliche Zeit die Kriechdehnung an der engsten Stelle des Einschnürbereichs über alle Grenzen wächst ($\varepsilon \to \infty$), kann diese Zeit als Schätzwert für die Bruchzeit t_{Br} betrachtet werden:

$$t_{Br} < t_\infty := \lim_{\varepsilon \to \infty} t \quad . \tag{17.8}$$

Die Zeit t_∞ wird kritische Zeit oder (theoretische) Versagenszeit genannt. Sie ist für verschiedene Exponenten m,n in den Bildern 17-2 bzw. 17-3 mit $k = 0$ bzw. $k = 4{,}5$ in der Form $\dot{\varepsilon}_g(t_\infty - t_g)$ dargestellt.

Die bekannte Näherung [z.B. 1]

$$\dot{\varepsilon}_o \, \tilde{t}_\infty = \frac{1}{N} \; ; \qquad \dot{\varepsilon}_o = K \, \sigma_o^N \; , \tag{17.9}$$

die für sekundäres Kriechen ($\frac{1}{N} = m$), vernachlässigte Verfestigung ($n = 0$) und einachsigen Spannungszustand ($k = 0$; $\alpha = 0$) angegeben wird, mag mit der Geraden in Bild 17-2 für $n = 0$ verglichen werden,

$$k = 0; \; n = 0: \quad \dot{\varepsilon}_g(t_\infty - t_g) = m \; . \tag{17.1o}$$

Der Vergleich läßt erwarten, daß die Näherung $\tilde{t}_\infty$ nach (17.9) die Versagenszeit t_∞ nach den Beziehungen dieser Ziffer teilweise erheblich unterschätzt.

18. Experimentelle Untersuchung der Kriecheinschnürung

Zur Nachprüfung der Frage der Anwendbarkeit einer mechanischen Zustandsgleichung auf die Beschreibung des Werkstoffverhaltens unter Zeitstandbelastung mit Einschnürung wurden Zugproben aus SF-Kupfer bei Zimmertemperatur ($T_h \approx 0{,}2$) mit Spannungen oberhalb der Streckgrenze benaspprucht. Dazu wurde die Zugkraft nach Erreichen einer vorgewählten plastischen Dehnung konstant gehalten, so daß auch unerwünschte Auswirkungen der Streuung mechanischer Eigenschaften und unkontrollierbarer Anfangswerte der Dehngeschwindigkeit unterdrückt werden konnten.

Während des Versuchs wurde die Querkontraktion mittels eines induktiv arbeitenden Meßgeräts [42] kontinuierlich aufgenommen. Das Gerät gestattet mittels zweier, durch elektrischen Antrieb in Axialrichtung der Zugprobe periodisch bewegter Meßschneiden die Erfassung des Stabdurchmessers als Orts- und Zeitfunktion.

Mit Hilfe eines weiteren Wegaufnehmers wurde die Längsbewegung der Meßschneiden ermittelt, so daß in bestimmten Zeitintervallen das Einschnürprofil festgehalten werden konnte. Dadurch ließ sich die Abhängigkeit zwischen dem Verhältnis α und der Formänderung ε an der engsten Stelle gemäß (16.1oa,b) überprüfen. Wie Bild 18-1 zeigt, kann der Einschnürvorgang beim untersuchten Werkstoff mit einem mittleren Profilparameter $k = 4{,}5$ beschrieben werden.

Bezieht man die experimentell ermittelten $\dot{\varepsilon}$-Werte auf die jeweilige Dehngeschwindigkeit $\dot{\varepsilon}_g \equiv \dot{\varepsilon}_{min}$, so können die Rechenwerte nach (17.4) mit den Meßergebnissen verglichen werden. Das Ergebnis ist in Bild 18-2 wiedergegeben; die Rechnung wurde mit $n = 0{,}28$; $m = 0{,}004$ und $k = 4{,}5$ durchgeführt.

Das Kriechverhalten gemäß (17.6) kann anhand der aufgenommenen Durchmesserzeitfunktionen untersucht werden. Da nur der Zeitpunkt t_{Br} des Bruches mit ausreichender Genauigkeit definiert werden kann, wird in Bild 18-3 das Durchmesserverhältnis D/D_o als Maß für die Kriechdehnung ($\varepsilon = 2 \ln D_o/D$) in Abhängigkeit von der Differenz $t_{Br} - t$ sowohl für Meß- als auch Rechenwerte dargestellt.

Die in diesem Kapitel dargelegten Ergebnisse zeigen, daß schon mit Hilfe einer einfach aufgebauten mechanischen Zustandsgleichung das Einschnürkriechen mit brauchbarer Genauigkeit beschrieben werden kann.

F SCHICHTKRIECHEN

19. Spannungszustand in dünnen Schichten

Bei Schichtverbundwerkstoffen sowie bei Stumpflötverbindungen werden oft Teile aus festerem Werkstoff mit dünnen Schichten aus einem weicheren Werkstoff verbunden, wie in Bild 19-1 für einen Zugstab schematisch dargestellt ist. Beansprucht man den Verbundwerkstoff in Richtung der Schichtnormalen (z-Achse in Bild 19-1), so wird die Querkontraktion der Schicht durch die Haftung am festeren und weniger verformbaren Werkstoff weitgehend behindert. Bei plastischer Verformung wird der Spannungszustand in der Schicht und in ihrer Nachbarschaft ($|z| > h$) zunehmend mehrachsig. Diesen Spannungszustand hat KACHANOV [43] für eine gerade kreiszylindrische Scheibe mit dem Durchmesser $D = 2R$ und der Höhe $H = 2h$ untersucht (Bild 19-1). Bei anderen Schichtgeometrien, z.B. rechteckigen Streifen, ergeben sich ähnliche Beziehungen, die sich nur in den Problemkoeffizienten unterscheiden.

Nach KACHANOV ergibt sich die Längsspannung in der Mittelebene $z = 0$ der dünnen Schicht zu

$$\sigma_z = \sigma\left(1 + \frac{R - r}{\sqrt{3}\,h}\right) \qquad (19.1)$$

σ (Vergleichsspannung). Der Mittelwert der Spannung (19.1) über den Querschnitt beträgt

$$\sigma_{zm} := p_m = \sigma\left(1 + \frac{1}{3\sqrt{3}}\,\frac{R}{h}\right) . \qquad (19.2)$$

(19.2) stimmt mit dem Ergebnis der elementaren Plastizitätstheorie (Gl. 11.22) überein, wenn der Faktor $1/(3\sqrt{3})$ durch 1/6 ersetzt wird. Die zum Einstellen des Spannungszustands erforderliche Zugkraft ist

$$F = \frac{\pi}{4}\,D^2\,p_m \, . \qquad (19.3)$$

Entsprechend den Ziff. 8b und 13 gilt mit der Vergleichsdehnung ε

$$\frac{D}{H} = \eta_0 \exp\left(-\frac{3}{2}\,\varepsilon\right); \quad \eta_0 := \frac{D_0}{H_0} , \qquad (19.4)$$

$$(D/D_o)^2 \;=\; \exp(-\varepsilon)\;. \qquad (19.5)$$

Damit kann nach den Definitionen in Ziff. 9 entsprechend Ziff. 13 angesetzt werden:

$$\varphi(\varepsilon) \;=\; 1 + \frac{\eta_o}{3\sqrt{3}} \exp\left(-\frac{3}{2}\varepsilon\right)\;,$$

$$\kappa_m \;=\; \sigma(\varepsilon)\;\varphi(\varepsilon)\;, \qquad (19.6)$$

$$\kappa_F \;=\; \sigma(\varepsilon)\;\varphi(\varepsilon)\;\exp(-\varepsilon)\;;\;\; \alpha_F = -1$$

2o. Kriechverhalten dünner Schichten

Der Schichtverbund versagt, wenn beschleunigtes Kriechen oder Kriechbruch in der Schicht entsteht. Dabei hat das Verhältnis $\eta_o = D_o/H_o$ entscheidenden Einfluß auf die Kriechgeschwindigkeit und damit auf die Lebensdauer der Verbindung, da mit größer werdendem Verhältnis η_o die Auswirkung der Verformungsbehinderung durch Haftung der Schicht am zu verbindenden, weniger verformbaren Werkstoff zunimmt. Zur Beschreibung des Kriechverhaltens wird wiederum das Kriechgesetz (5.11)

$$\dot{\varepsilon} \;=\; K\left[1 + \left(\frac{\varepsilon}{\varepsilon_1}\right)^{-M}\right]\sigma^N \qquad (2o.1)$$

gewählt. Mit (19.6) und (2o.1) folgt aus (1o.13)

$$\psi(\varepsilon) \;=\; \left[1 + \frac{\eta_o}{3\sqrt{3}} \exp\left(-\frac{3}{2}\varepsilon\right)\right]^{-N} \left[1 + \left(\frac{\varepsilon}{\varepsilon_1}\right)^{-M}\right] \exp N\varepsilon\,, \qquad (2o.2)$$

und wegen (1o.18) ergibt sich

$$\dot{\varepsilon} \;=\; \dot{\varepsilon}_o^*\;\psi(\varepsilon)\;. \qquad (2o.3)$$

In (2o.3) ist $\dot{\varepsilon}^*$ nach (1o.17) einzusetzen. Die Kriechdehnung erhält man entsprechend (1o.21) zu

$$\varepsilon \;=\; \varepsilon(\dot{\varepsilon}_o^*\,t)\;. \qquad (2o.4)$$

Für die Kriechparameter $M = 2$; $N = 5$; $\varepsilon_1 = o{,}o2$ sind Kriechgeschwindigkeit bzw. Kriechdehnung nach (2o.3) bzw. (1o.21,2o.4) in den Bildern 2o-1 und 2o-2 dargestellt.

Zunächst überwiegt bei kleinen Kriechdehnungen der primäre Anteil im Kriechgesetz (verzögertes Kriechen nach Bild 2o-1), bis nach Erreichen einer minimalen Geschwindigkeit $\dot{\varepsilon}_{min}$ der Kriechvorgang beschleunigt wird (Ziff. 21) und die Dehngeschwindigkeit über alle Grenzen wächst. Die Anfangsgeometrie (η_o) der Schicht beeinflußt im untersuchten Bereich (η_o = 1o ... 4o) die Kriechgeschwindigkeit $\dot{\varepsilon}_{min}$ um mehr als zwei Zehnerpotenzen.

Die durch numerische Auswertung von (2o.3) und (2o.4) erhaltenen Kriechkurven nach Bild 2o-2 zeigen ebenfalls den starken Einfluß der Anfangsgeometrie (η_o), insbesondere aber, daß im Bereich des beschleunigten Kriechens die Kriechdehnung für eine endliche Zeit (t_∞) abhängig von η_o einem (rechnerischen) Grenzwert zustrebt ($\varepsilon \to \infty$, Ziff. 21). Aus Bild 2o-2 läßt sich auch der Zusammenhang zwischen der Schichtgeometrie (η_o) und der Beanspruchungsdauer bis zum Erreichen einer bestimmten Dehnung entnehmen, wie in Bild 2o-3 wiedergegeben. Im immer schneller werdenden Anwachsen des Parameters ε im Bereich oberhalb $\varepsilon \approx$ o,o5 kommt der Einfluß des beschleunigten Kriechens (Bilder 2o-1 und 2o-2) zum Ausdruck, das schließlich zu einer endlichen (rechnerischen) "Versagenszeit t_∞" führt ($\varepsilon \to \infty$).

21. Versagenszeit

Mit zunehmender Beanspruchungsdauer nimmt die Querkontraktion an der Mittelebene der Schicht trotz der Verformungsbehinderung durch den mehrachsigen Spannungszustand zu. Die hierdurch hervorgerufene Spannungserhöhung führt schließlich zu einer Steigerung der Kriechgeschwindigkeit. Obwohl das hier benutzte Kriechgesetz (5.11, 2o.1) formal nur einen primären und einen sekundären Anteil beschreibt, gibt die Rechnung nach den Ziff. 19 und 2o das beschleunigte Kriechen qualitativ richtig wieder, ohne daß ein Ansatz für den "physikalischen" tertiären Bereich berücksichtigt wird. Da ohnehin der Beginn und der Verlauf des tertiären Kriechens beim gegebenen Spannungszustand nur sehr schwer oder überhaupt nicht vorausgesagt werden kann, wird als

Schätzwert für die Bruchzeit der Zeitpunkt betrachtet, bei dem nach den Voraussetzungen und Ergebnissen der Ziff. 19 und 2o die Kriechdehnung über alle Grenzen wächst (Ziff. 17):

$$t_\infty := \lim_{\varepsilon \to \infty} t \quad . \tag{21.1}$$

Der so ermittelte Grenzwert t_∞ hängt nach den Berechnungen in den Ziff. 19 und 2o von der Schichtgeometrie und den Kriechparametern ab. Bild 21-1 zeigt den Zusammenhang zwischen der Versagenszeit t_∞, dem Anfangswert $\eta_o = D_o/H_o$ der Schichtgeometrie und den Werkstoffkenngrößen $M = 2$, $N = 5$ und $\varepsilon_1 = 0 \ldots 0{,}1o$. Der Einfluß des NORTON-BAILEY-Exponenten ist in Bild 21-2 für $\varepsilon_1 = o{,}o2$ und $M = 2$ dargestellt.

In Bild 21-1 ist auch ein Näherungswert $\tilde{t}_\infty$ für die Versagenszeit eingetragen, der zur Veranschaulichung in geschlossener Lösung ermittelt werde. Dazu seien sehr dünne Schichten ($\eta_o >> 3\sqrt{3}$) und sekundäres Kriechen ($\varepsilon_1 = 0$) vorausgesetzt. Für die Kriechgeschwindigkeit $\dot{\varepsilon}$ gilt dann nach (2o.2) und (2o.3):

$$\eta_o >> 3\sqrt{3};\ \varepsilon_1 = 0:\quad \frac{\dot{\varepsilon}}{\dot{\varepsilon}_o^*} = \left(\frac{3\sqrt{3}}{\eta_o}\right)^N \exp \frac{5}{2} N \varepsilon . \tag{21.2}$$

Aus (21.2) folgt die Gleichung der Kriechkurve zu

$$\varepsilon = \frac{2}{5N} \ln \frac{1}{1 - \frac{5}{2} N \left(\frac{3\sqrt{3}}{\eta_o}\right)^N \dot{\varepsilon}_o^* t} , \tag{21.3}$$

und der Näherungswert für die Versagenszeit ergibt sich zu

$$\tilde{t}_\infty = \frac{2}{5N\ \dot{\varepsilon}_o^*} \left(\frac{\eta_o}{3\sqrt{3}}\right)^N . \tag{21.4}$$

G BEHÄLTERKRIECHEN

22. Dünnwandige Behälter unter Innendruck

Bei dünnwandigen Behältern unter innerem Überdruck kann die Radialspannung σ_{III} gegenüber den anderen Hauptnormalspannungen vernachlässigt werden. Der (quasi)zweiachsige Spannungszustand (Membranspannungszustand) läßt sich allgemein durch

$$\sigma_{II} = \alpha\,\sigma_I \;; \qquad \sigma_I = \beta\,p\,\frac{r}{s} \tag{22.1}$$

ausdrücken. In (22.1) bedeuten: p innerer Überdruck (Innendruck), r mittlerer Radius+), s Wandstärke. Die Beiwerte α, β sind in Tabelle 22-I zusammengestellt.

Tabelle 22-I

Behälter	offenes Rohr	Kreiszylinder	Kugel
α	0	$\frac{1}{2}$	1
β	1	1	$\frac{1}{2}$

Spannungs- und Verformungszustand sind verschiedentlich untersucht worden [z.B. 18, 44 bis 46]. Auf der Grundlage des quadratischen plastischen Potentials (6.11) von MISES und den daraus folgenden LÉVY-MISES-Gln. (6.15) findet man die Vergleichsspannung

$$\sigma = \gamma\,\sigma_I \;; \qquad \gamma := \sqrt{1 - \alpha + \alpha^2} \tag{22.2}$$

und die Vergleichsdehnung:

$$\varepsilon = \frac{2\gamma}{2-\alpha}\,\varepsilon_I \;. \tag{22.3}$$

Beim kreiszylindrischen Behälter sind σ_I bzw. ε_I Umfangsspannung bzw. -dehnung. Für den Zusammenhang zwischen σ und ε folgt aus den zitierten Arbeiten

---

+) Es werden nur Behälter mit einer Hauptkrümmung, die ortsunabhängig ist, behandelt: gerader Kreiszylinder (offen oder durch Kugelboden abgeschlossen), Kugel

$$\sigma = \beta \gamma p \frac{r_o}{s_o} \exp \frac{3\varepsilon}{2\gamma} . \qquad (22.4)$$

In (22.4) sind r_o, s_o die Anfangsabmessungen des Behälters, und

$$\beta \gamma p \frac{r_o}{s_o} := \sigma_o \qquad (22.5)$$

ist die Vergleichsspannung zu Fließbeginn.

Zur Übertragung auf den Kriechvorgang werden entsprechend Ziff. 9 mit $\varepsilon = \varepsilon(t)$ definiert:

$$\kappa_m := \sigma(\varepsilon); \qquad \varphi \equiv 1 \qquad (22.6)$$

$$\kappa_F := \sigma_o ; \qquad \kappa_F = \sigma(\varepsilon)\exp(-\frac{3\varepsilon}{2\gamma}); \quad \alpha_F = -\frac{3}{2\gamma} . \qquad (22.7)$$

Die Spannung σ_o nach (22.5) ist nunmehr die Vergleichsspannung zu Beginn des Kriechens $(t = 0)$ für $p = \text{const}$.

23. Kriechverhalten dünnwandiger Behälter

Zur Beschreibung des Kriechverhaltens dünnwandiger Behälter wurde in [45] nur das primäre Stadium berücksichtigt, während in anderen Untersuchungen [z.B. 1] lediglich das NORTON-BAILEY-Gesetz für sekundäres Kriechen zugrunde gelegt wurde. In dieser Ziffer wird dagegen das kombinierte Kriechgesetz (5.11) benutzt,

$$\dot{\varepsilon} = K [1 + (\frac{\varepsilon}{\varepsilon_1})^{-M}] \sigma^N , \qquad (23.1)$$

um sowohl primäres als auch sekundäres Kriechen zu erfassen.

Mit (22.6) und (22.7) führen (1o.5) und (1o.13) auf

$$\dot{\varepsilon} = \overset{\star}{\dot{\varepsilon}} [1 + (\frac{\varepsilon}{\varepsilon_1})^{-M}] \exp \frac{3N}{2\gamma} \varepsilon . \qquad (23.2)$$

In (23.2) ist wegen (1o.17) und (22.5)

$$\dot{\varepsilon}^* = K(\beta \gamma p \frac{r_o}{s_o})^N , \qquad (23.3)$$

d.h., die Bezugsgeschwindigkeit $\dot{\varepsilon}^*$ entspricht der Anfangsgeschwindigkeit bei alleinigem sekundärem Kriechen ($\varepsilon_1 \equiv 0$; $\varepsilon = 0$).

Die Kriechdehnung ε ergibt sich aus (23.2) durch Integration:

$$\dot{\varepsilon}^* t = \int_0^{\varepsilon} [1 + (\frac{\varepsilon^*}{\varepsilon_1})^{-M}]^{-1} \exp(- \frac{3N}{2\gamma} \varepsilon^*) d\varepsilon^* . \qquad (23.4)$$

Als (rechnerische) Versagenszeit kann auch beim Behälterkriechen die Zeit t_∞ für $\varepsilon \to \infty$ angesehen werden. Eine obere Schranke dieser Versagenszeit stellt die bekannte Beziehung [z.B.1]

$$\tilde{t}_\infty = \frac{2\gamma}{3N\dot{\varepsilon}^*} \qquad (23.5)$$

bei Vernachlässigung des primären Kriechanteils dar, die sich aus (23.4) für $\varepsilon_1 \equiv 0$ ergibt.

In Bild 23-1 ist die Kriechdehnung $\dot{\varepsilon}$ nach (23.2) für $\varepsilon_1 = 0{,}02$; $M = 1$ und 2 sowie für $N = 1 \ldots 9$ dargestellt. Bild 23-2 zeigt die Kriechdehnung ε nach (23.4) in Abhängigkeit von $\dot{\varepsilon}^* t$ und läßt die Versagenszeit t_∞ erkennen. Der Einfluß der Kriechparameter M, N und ε_1 auf t_∞ ist in den Bildern 23-3 und 23-4 wiedergegeben. Für $\varepsilon_1 \equiv 0$ entspricht dem Näherungswert $\tilde{t}_\infty$ nach (23.5); für $\varepsilon_1 > 0$ zeigt sich die Verringerung der Versagenszeit durch den primären Kriechanteil.

Die Bilder 23-1 bis 23-4 gelten für den geschlossenen Kreiszylinder ($\alpha = \frac{1}{2}$). Den Einfluß der Behälterform (α) auf $\dot{\varepsilon}$ und ε geben die Bilder 23-5 und 23-6 wieder.

Zusammenfassung

Nach einer Besprechung der Interpolationsfunktionen von Kriechkurven des einachsigen Grundversuchs und ihrer Deutung auf der Grundlage einer mechanischen Zustandsgleichung für "mechanisch stabile" Werkstoffe werden mehrachsiges Druck-, Zug-, Schicht- und Behälterkriechen in elementarer einheitlicher Darstellung behandelt. Zur Beschreibung des speziellen Kriechverhaltens bei diesen Beanspruchungsformen und insbesondere zur numerischen Auswirkung wird ein Kriechgesetz gewählt, das im primären und im sekundären Stadium sowie am Übergang angewandt werden kann. Möglichkeiten zur Erfassung der Kriechkurve in allen Kriechstadien durch eine einheitliche Beziehung werden angedeutet.

Literaturverzeichnis

[1] Odqvist, F.K.G., Hult, J. Kriechfestigkeit metallischer Werkstoffe Berlin, Göttingen, Heidelberg 1962

[2] Odqvist, F.K.G Mathematical Theory of Creep and Creep Rupture Oxford 1966

[3] Rabotnov, Y.N. Creep Problems in Structural Member Amsterdam, London 1969

[4] Garofalo, F. Fundamentals of Creep and Creep Rupture in Metals New York 1965,1966

[5] Ilschner, B. Hochtemperatur-Plastizität Heidelberg, New York 1973

[6] Penny R.K., Marriott, D.L. Design for Creep London, New York 1971

[7] Phillips, F. The Flow Stretch in Indiarubber, Glass and Metal Wires when Subjected to a Constant Pull Phil.Mag. Vol. 9 (19o5) S. 513/531

[8] Weaver, S.H. The Creep Curve and Stability of Steels at Constant Stress and Temperature Trans. ASME 58(1936) S. 745/751

[9] Andrade, E.N.de C. The Viscous Flow in Metals and Allied Phenomena Proc. Roy. Soc. A 84 (191o) S. 1

[1o] Terlaak, D. Kriechuntersuchungen an technischem Reineisen im Temperaturbereich von - 6o° bis 1oo°C Dr.-Ing. Dissertation, RWTH Aachen 1963

[11] Mc Vetty, P.G. Factors Affecting the Choice of Working Stress at High Temperature Survice Trans. ASME 55(1933) S. 99

[12] Marin, J. Determination of Creep Deflection of a Rivet in Double Shear JAM 26(1959) S. 285/29o

[13] Norton, F.N. The Creep of Steel of High Temperatures New York 1929

[14] Bailey, R.W. Creep of Steel under Simple and Compound Stresses and the Use of High Initial Temperatures in Steam Power Plant
Trans.World Powder Conf., Bd. 3.
Tokio 1929

[15] Soderberg, C.R. The Interpretation of Creep Tests Machine Design
Trans. ASME 58(1936) S. 733/743

[16] Dorn, J.E. Some Fundamental Experiments on High Temperature Creep
J. Mech. Phys. Solids 3 (1954) S. 85/116

[17] Ludwik, P. Elemente der technologischen Mechanik
Berlin 19o9

[18] Swift, H.W. Plastic Instability under Plane Stress
J. Mech. Phys. Solids 1 (1952) S. 1/18

[19] Zener, C, Hollomon, J.H. Effect of Strain Rate upon the Plastic Flow of Steel
J. Appl. Phys. 15(1944) S. 22/32

[2o] Troost, A., El-Magd, E. Einfluß der Dehngeschwindigkeit auf die Formänderung bei Höchstlast im Zugversuch
Metall 27(1963) S. 335/339

[21] Hart, E.W. A Phenomenological Theory for Plastic Deformation of Polycrystalline Metals
Acta Meta 18(197o) S. 599/61o

[22] Nutting, P.G. A Study of Elastic Viscous Deformation
Proc. ASTM 21(1921) S. 1162

[23] Lippmann, H., Wawra, H. On the Relationships between Uniaxial Plastic Flow and Creep
Mech. Res. Comm. Vol. 1(1974) S. 274/28o

[24] El-Magd, E., El-Schennawi, A. Formulierung des mechanischen Verhaltens metallischer Werkstoffe bei zeitabhängiger Beanspruchung
Metall 31(1977) S. 51o/514

[25] Hammami, A.K. Berechnung der Spannungsrelaxationskurven von Metallen aus ihren Kriechkurven
Dr.-Ing. Dissertation, TU Braunschweig 1971

[26] Graham, A. Walles, K.F. Regularities in Creep and Hot Fatigue
ARC Current Papers CP 379 and CP 38o, 1958

[27] El-Magd, E. Pantelakis, S. demnächst

[28] Troost, A. El-Magd, E. — demnächst

[29] Mises, R.v. — Mechanik der plastischen Formänderung von Kristallen
Z.f.angew. Math.Mech. 8(1928) S.161/185

[3o] Mises, R.v. — Mechanik der festen Körper im plastisch deformablen Zustand
Nachr.Königl.Ges.Wiss. Göttingen, math.phys. Kl. 1913, S. 582/592

[31] Odqvist, F.K.G. — Creep Stresses in a Rotating Disc
IV Int. Congr.Appl.Mech., Cambridge 1934, Proc. 228/229

[32] Lippmann, H., Mahrenholtz, O. — Plastomechanik der Umformung metallischer Werkstoffe, Bd. I,
Berlin, Heidelberg, New York 1967

[33] Betten, J. — Lösung von Festigkeitsproblemen unter Berücksichtigung des Kriechens
Habilitationsschrift, RWTH Aachen 1971

[34] Troost, A., Betten, J. — Schriftliche Mitteilung vom 25. 3. 1971

[35] Troost, A., El-Magd, E., Mokhtar, E. — demnächst

[36] El-Magd, E. — Auswirkung kleiner Formabweichungen des Probestabes auf die Nenndehnung bei Höchstlast im Zugversuch
Materialprüf. 15(1973) S. 9o/95

[37] Troost, A., El-Magd, E. — Auswirkung der Werkstoffinhomogenität auf das Dehnungsverhalten von Zugproben
Arch. Eisenhüttenwesen 46(1975) S.277/282

[38] Troost, A., Betten, J., El-Magd, E. — Einschnürvorgang eines Zugstabes unter konstanter Last bei Raumtemperatur
Materialprüf. 15(1973) S. 113/116

[39] Davidenkov, N.N., Spiridonova, N.I. — Mechanical Methods of Testing, Analysis of the State of Stress in the Neck of a Testing Specimen
Proc. ASTM 46(1946) S. 1147/1158

[4o] Troost, A. El-Magd, E. — Zunahme der Formänderungsgeschwindigkeit in der Einschnürzone während des Zugversuchs
Arch. Eisenhüttenwesen 43(1972) S. 9o7/913

[41] Troost, A., El-Magd, E. Einfluß der Einschnürzone im Zugversuch auf die Formänderung bei Höchstlast und auf die Längsdehnung
Arch. Eisenhüttenwesen 44(1973) S. 311/314

[42] El-Magd, E., Keil, St. Ein Meßgerät zur Ermittlung der Querdehnung im Zugversuch
Meßtechnische Briefe 8(1972) S. 45/49

[43] Kachanov, L.M. Foundations of the Theory of Plasticity
Amsterdam, New York, Oxford 1971

[44] Troost, A. Belastbarkeit dünnwandiger Behälter durch Innendruck und Längskräfte
Metall 9(1955), S. 1o54/1o61

[45] Betten, J., El-Magd, E. Zum Kriechverhalten dünnwandiger Behälter
Z. Konstruktion 29(1977) S. 19/24

Bildanhang

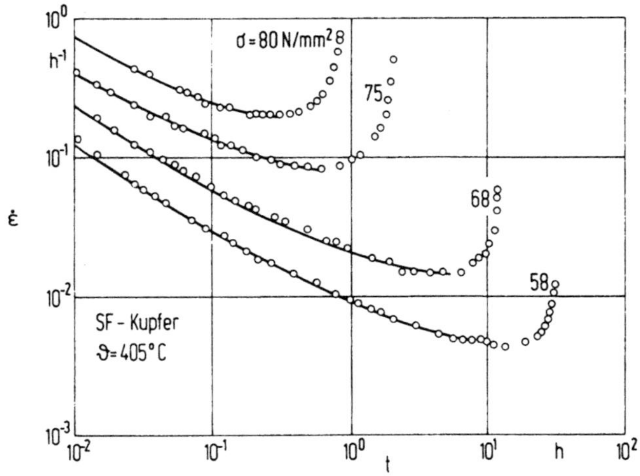

Bild 5-1 Vergleich zwischen Versuchsergebnissen [27] und Rechenwerten nach (5.11) beim Zugkriechen

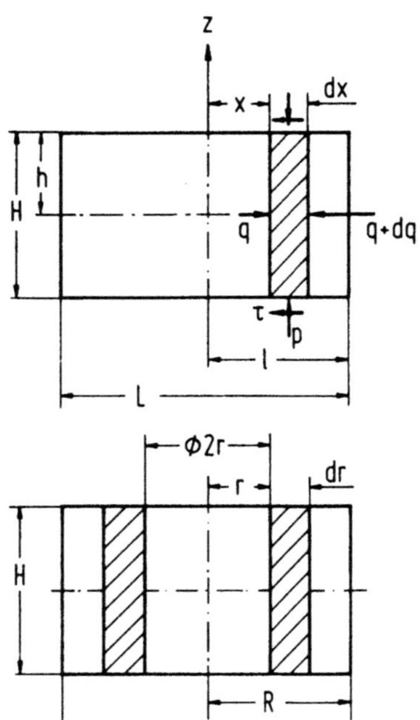

Bild 11-1 Geometrie und Spannungen beim Stauchvorgang, Streifen- und Röhrenmodell

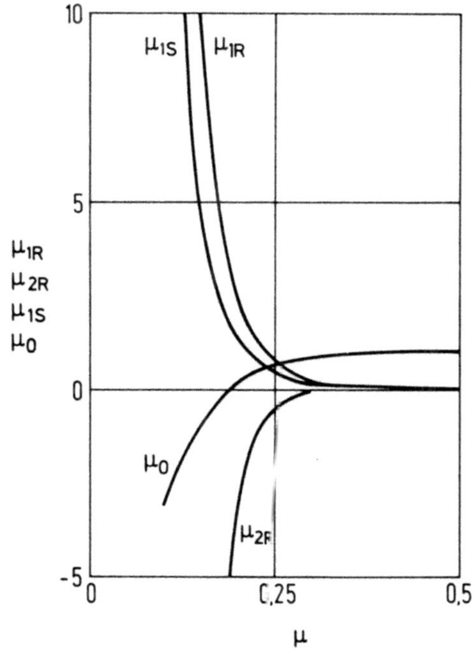

Bild 12-1 Funktionen μ_i und Reibungsbeiwert μ

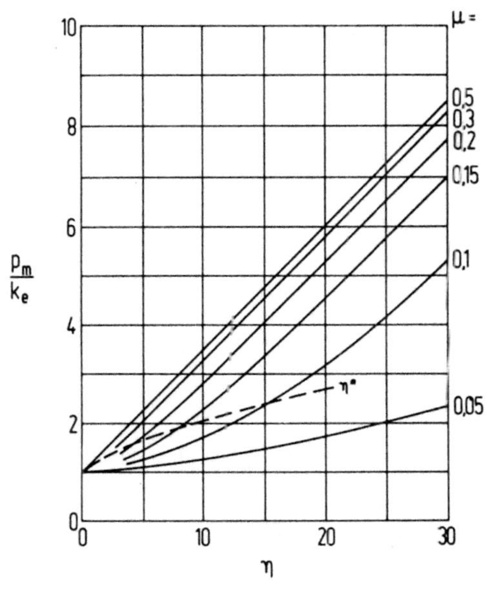

Bild 12-2 Bezogene mittlere Druckspannung p_m/k_e, Geometriekennwert η und Reibungsbeiwert μ, Streifenmodell

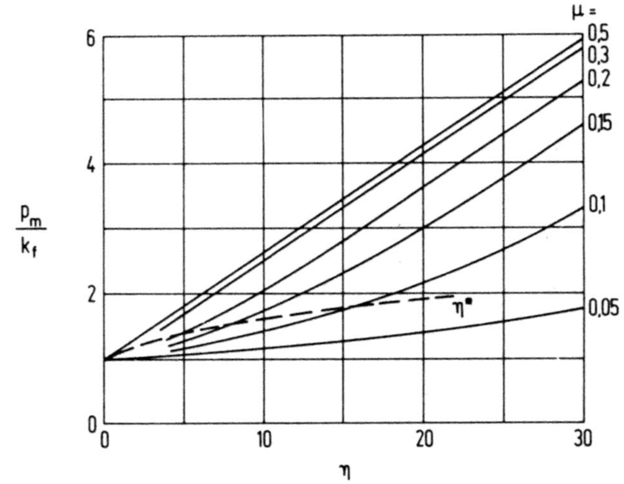

Bild 12-3 Bezogene mittlere Druckspannung p_m/k_f, Geometriekennwert η und Reibungsbeiwert μ, Röhrenmodell

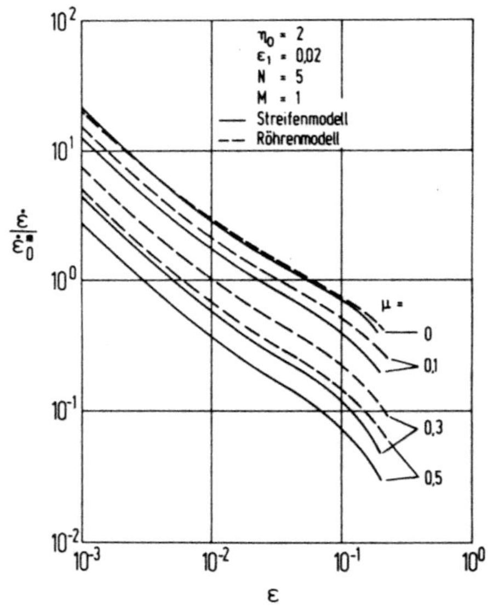

Bild 14-1 Bezogene Kriechvergleichsformänderungsgeschwindigkeit $\dot{\varepsilon}/\dot{\varepsilon}_0^*$ und Kriechsvergleichsformänderung ε beim technischen Druckkriechversuch, Einfluß des Reibungsbeiwerts und Vergleich zwischen Streifen- und Röhrenmodell

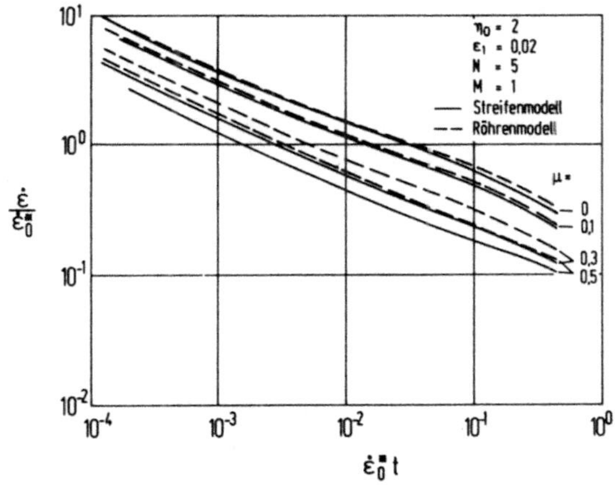

Bild 14-2 Zeitabhängigkeit der bezogenen Formänderungsgeschwindigkeit $\dot{\varepsilon}/\dot{\varepsilon}_0^*$ beim technischen Druckkriechversuch, Einfluß des Reibungsbeiwerts und Vergleich zwischen Streifen- und Röhrenmodell

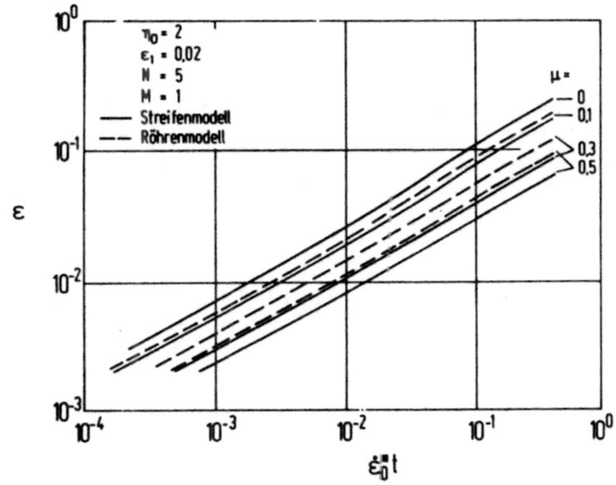

Bild 14-3 Zeitabhängigkeit der Kriechformänderung ε beim technischen Druckkriechversuch, Einfluß des Reibungsbeiwerts und Vergleich zwischen Streifen- und Röhrenmodell

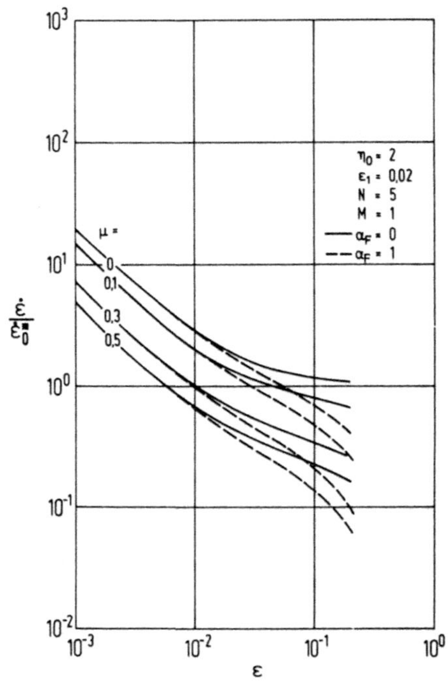

Bild 14-4 Bezogene Formänderungsgeschwindigkeit $\dot{\varepsilon}/\dot{\varepsilon}_0^*$ und Formänderung ε beim physikalischen ($\alpha_F = 0$) und technischen ($\alpha_F = 1$) Druckkriechversuch, Einfluß des Reibungsbeiwerts (Röhrenmodell)

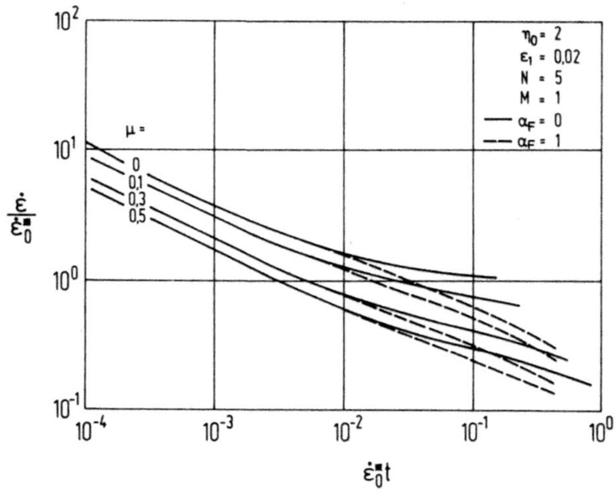

Bild 14-5 Zeitabhängigkeit der bezogenen Formänderungsgeschwindigkeit $\dot{\varepsilon}/\dot{\varepsilon}_0^*$ beim physikalischen ($\alpha_F = 0$) und technischen ($\alpha_F = 1$) Druckkriechversuch, Einfluß des Reibungsbeiwerts (Röhrenmodell)

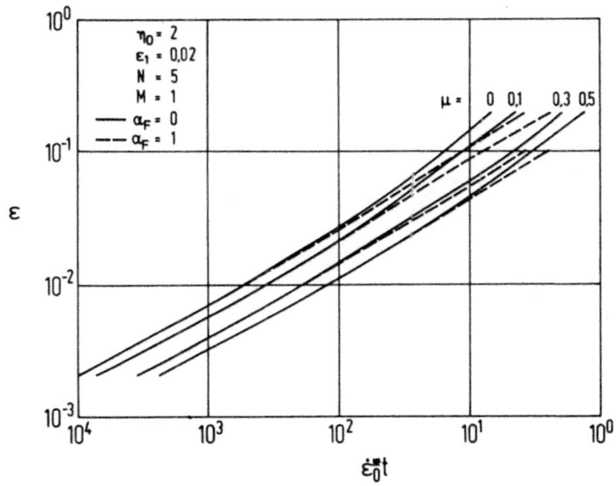

Bild 14-6 Zeitabhängigkeit ε beim physikalischen ($\alpha_F = 0$) und technischen ($\alpha_F = 1$) Druckkriechversuch, Einfluß des Reibungsbeiwerts (Röhrenmodell)

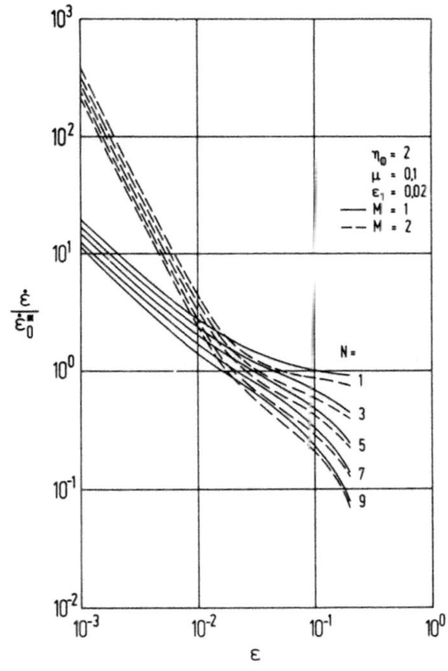

Bild 14-7 Bezogene Formänderungsgeschwindigkeit $\dot{\varepsilon}/\dot{\varepsilon}_0^*$ und Formänderung ε, Einfluß der Kriechexponenten M und N (technisches Druckkriechen, Röhrenmodell)

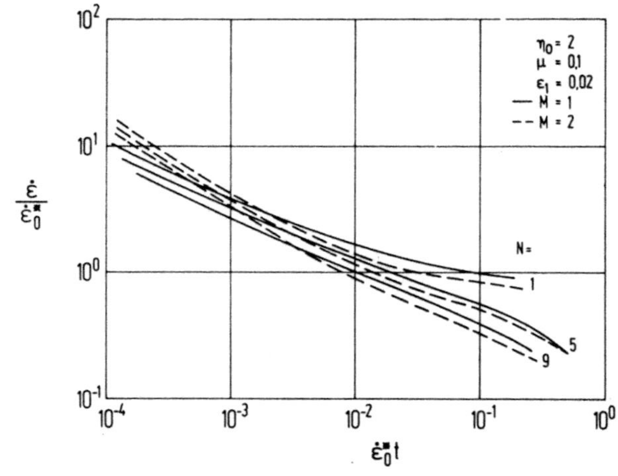

Bild 14-8 Zeitabhängigkeit der bezogenen Formänderungsgeschwindigkeit $\dot{\varepsilon}/\dot{\varepsilon}^*$, Einfluß der Kriechexponenten M und N (technisches Druckkriechen, Röhrenmodell)

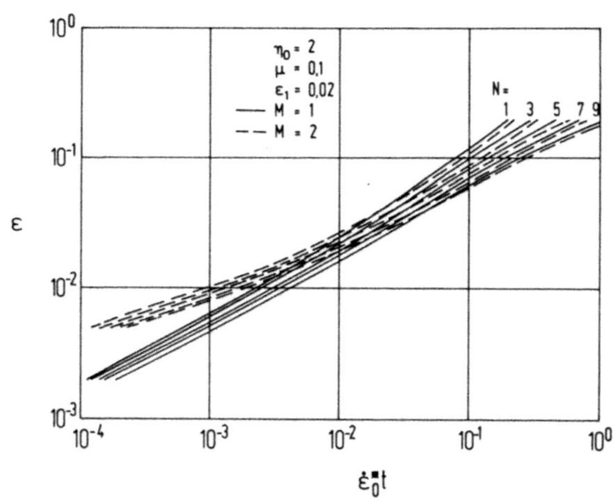

Bild 14-9 Zeitabhängigkeit der Formänderung ε, Einfluß der Kriechexponenten M und N (technisches Druckkriechen, Röhrenmodell)

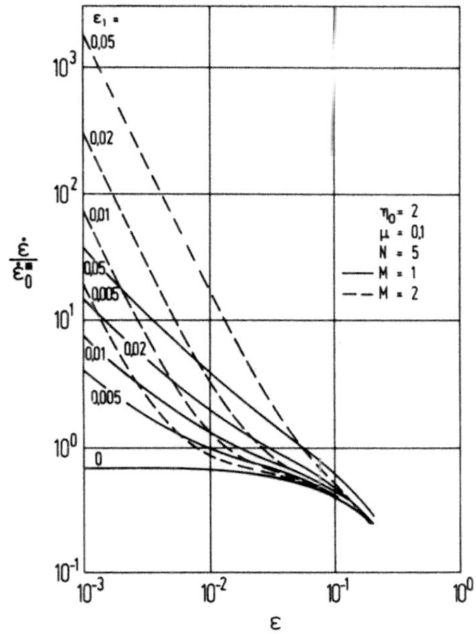

Bild 14-1o Bezogene Formänderungsgeschwindigkeit $\dot{\varepsilon}/\dot{\varepsilon}_0^*$ und Formänderung ε, Einfluß der Bezugsformänderung ε_1 (technisches Druckkriechen, Röhrenmodell)

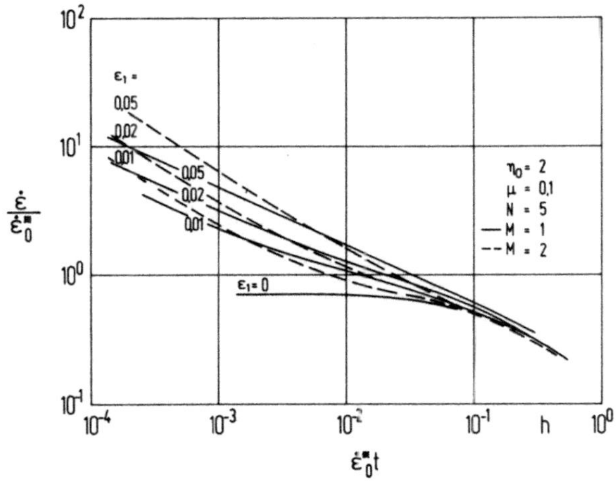

Bild 14-11 Zeitabhängigkeit der bezogenen Formänderungsgeschwindigkeit $\dot{\varepsilon}/\dot{\varepsilon}_0^*$, Einfluß der Bezugsformänderung ε_1 (technisches Druckkriechen, Röhrenmodell)

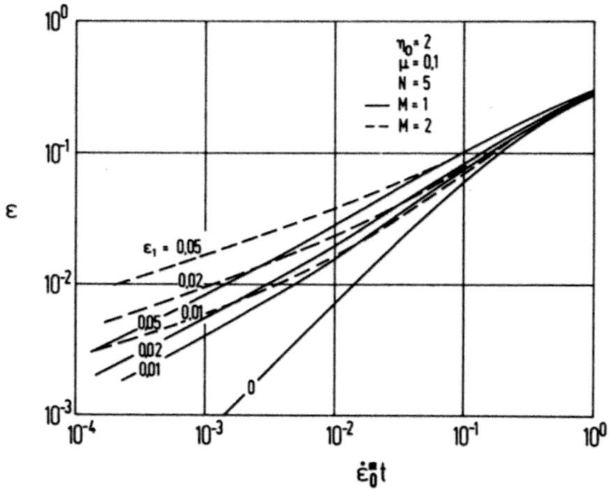

Bild 14-12 Zeitabhängigkeit der Formänderung ε, Einfluß der Bezugsformänderung ε_1 (technisches Druckkriechen, Röhrenmodell)

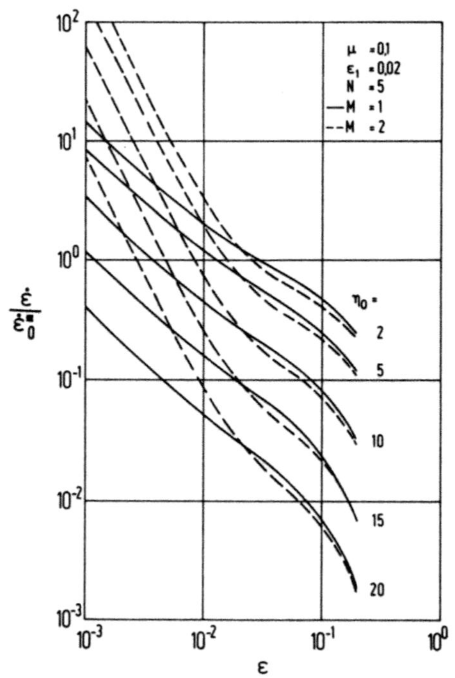

Bild 14-13 Bezogene Formänderungsgeschwindigkeit $\dot{\varepsilon}/\dot{\varepsilon}_0^*$ und Formänderung ε, Einfluß der Probengeometrie η_o (technisches Druckkriechen, Röhrenmodell)

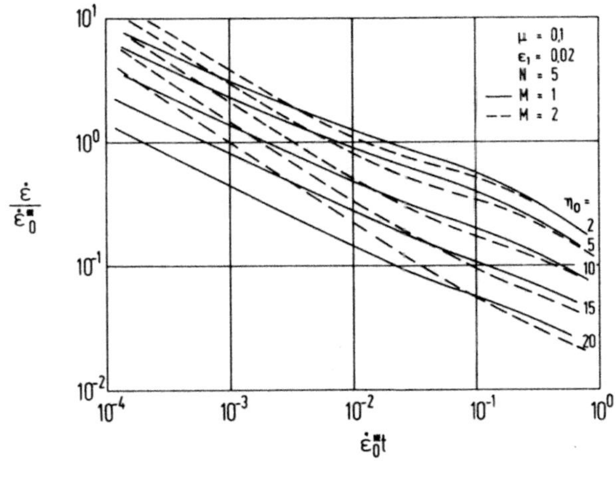

Bild 14-14 Zeitabhängigkeit der bezogenen Formänderungsgeschwindigkeit $\dot{\varepsilon}/\dot{\varepsilon}_0^*$, Einfluß der Probengeometrie η_o, (technisches Druckkriechen, Röhrenmodell)

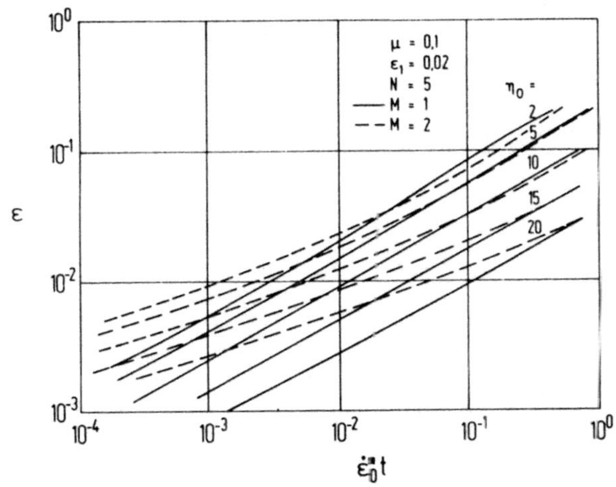

Bild 14-15 Zeitabhängigkeit der Formänderung ε, Einfluß der Probengeometrie η_o (technisches Druckkriechen, Röhrenmodell)

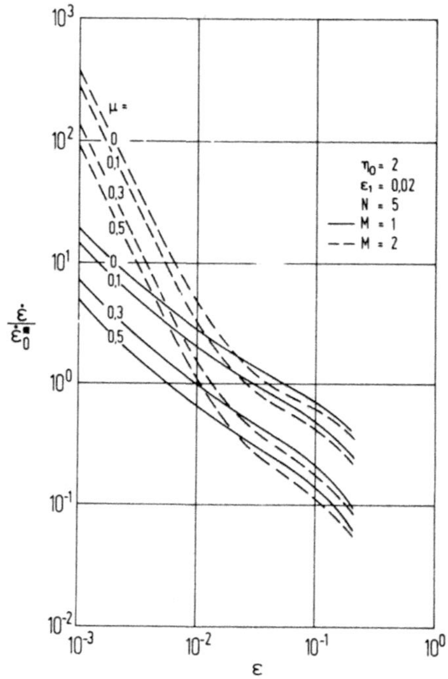

Bild 14-16 Bezogene Formänderungsgeschwindigkeit $\dot{\varepsilon}/\dot{\varepsilon}_0^*$ und Formänderung ε, Einfluß des Reibungsbeiwerts μ (technisches Druckkriechen, Röhrenmodell)

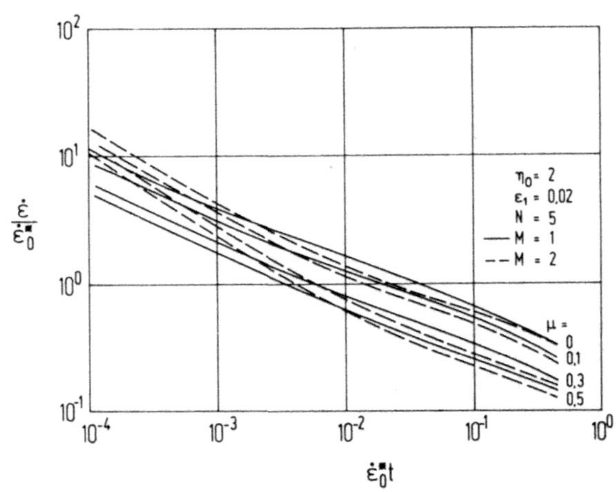

Bild 14-17 Zeitabhängigkeit der bezogenen Formänderungsgeschwindigkeit $\dot{\varepsilon}/\dot{\varepsilon}_0^*$, Einfluß des Reibungsbeiwerts μ (technisches Druckkriechen, Röhrenmodell)

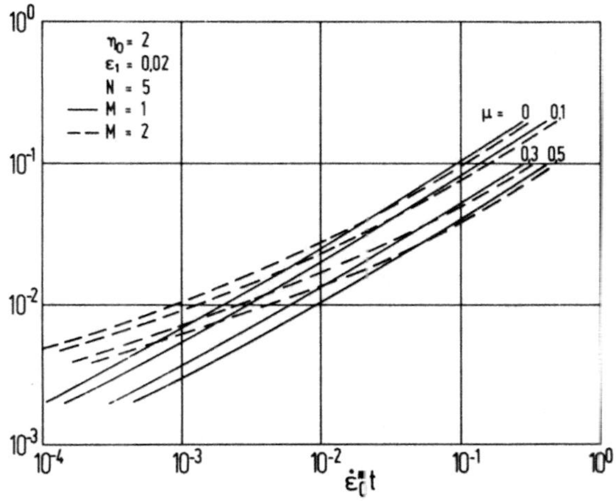

Bild 14-18 Zeitabhängigkeit der Formänderung ε, Einfluß des Reibungsbeiwerts μ (technisches Druckkriechen, Röhrenmodell)

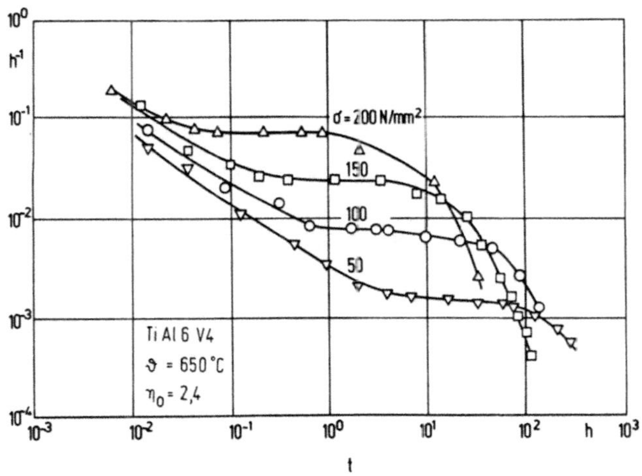

Bild 14-19 Zeitabhängigkeit der Formänderungsgeschwindigkeit $\dot{\varepsilon}$ nach Versuchsergebnissen [35] beim technischen Druckkriechversuch

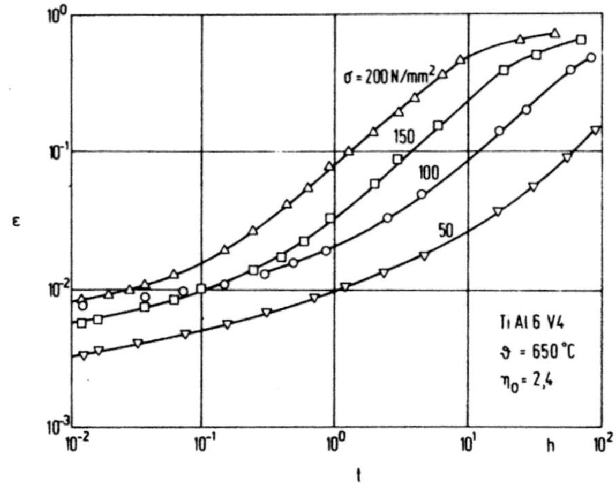

Bild 14-2o Zeitabhängigkeit der Formänderung ε nach Versuchsergebnissen [35] beim technischen Druckkriechversuch

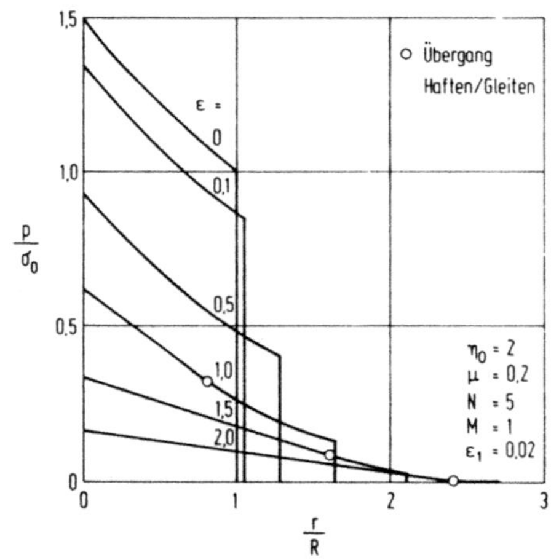

Bild 14-21 Umlagerung der bezogenen Druckspannung p/σ_o an der Stauchbahn bei verschiedenen Formänderungen ε (technisches Druckkriechen, Röhrenmodell)

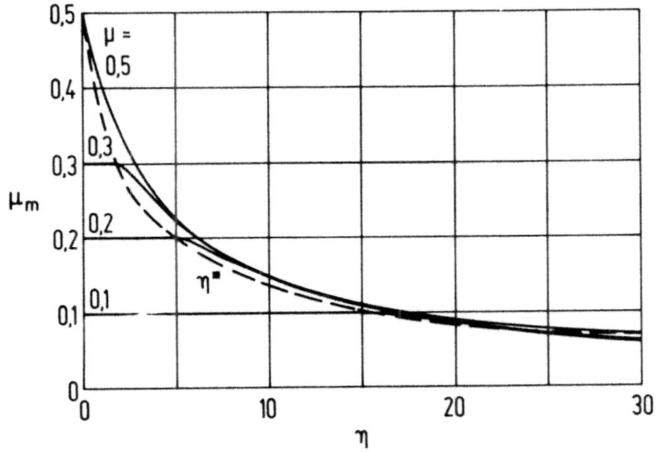

Bild 15-1 Mittlerer Reibungsbeiwert μ_m und Probengeometrie η, Einfluß des Reibungsbeiwerts μ (Streifenmodell)

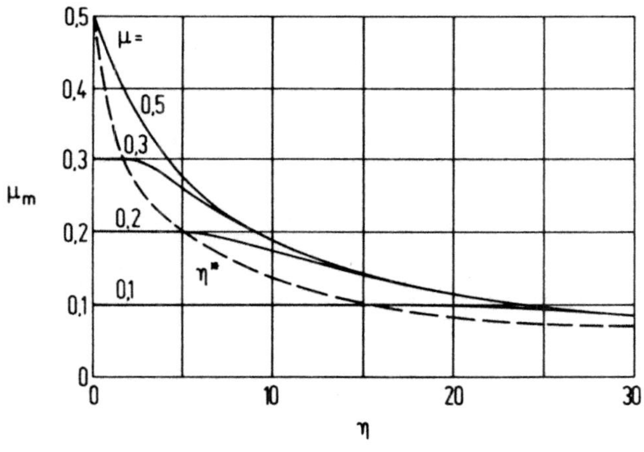

Bild 15-2 Mittlerer Reibungsbeiwert μ_m und Probengeometrie η, Einfluß des Reibungsbeiwerts μ (Röhrenmodell)

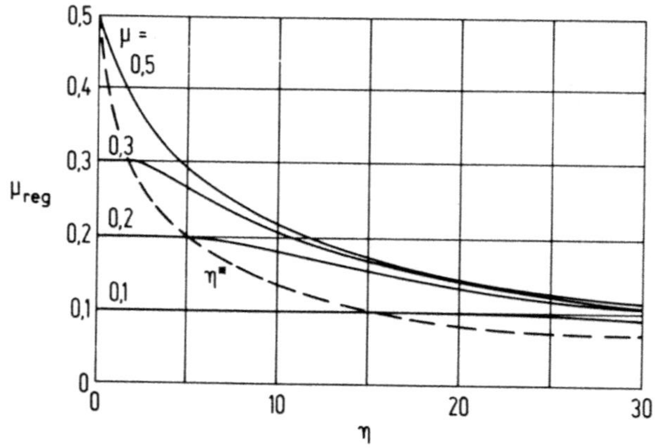

Bild 15-3 Regulierender Reibungsbeiwert μ_{reg} und Probengeometrie η, Einfluß des Reibungsbeiwerts μ (Streifenmodell)

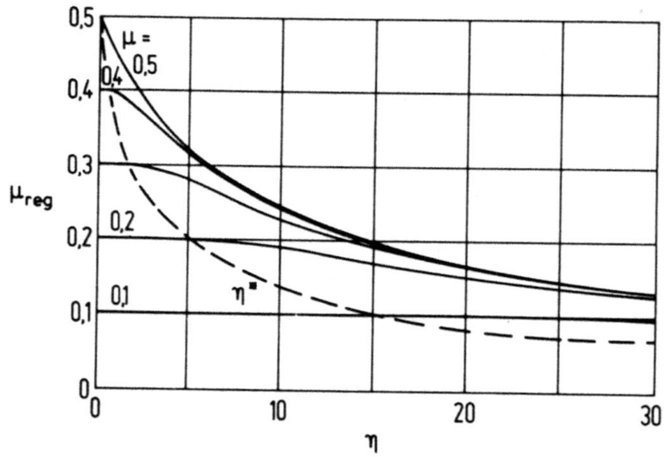

Bild 15-4 Regulierender Reibungsbeiwert μ_{reg} und Probengeometrie η, Einfluß des Reibungsbeiwerts μ (Röhrenmodell)

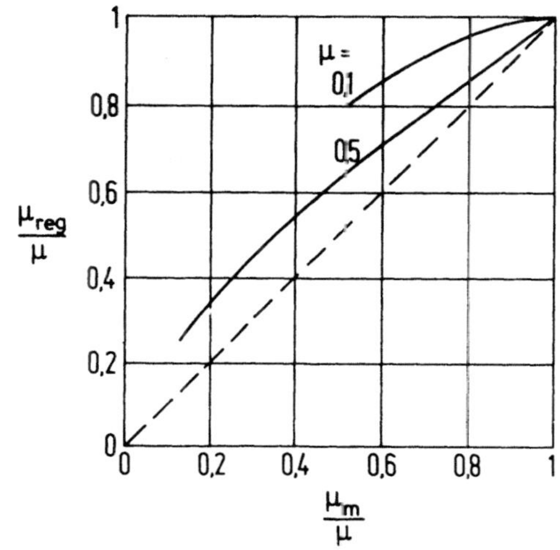

Bild 15-5 Regulierender und mittlerer Reibungsbeiwert (Streifenmodell)

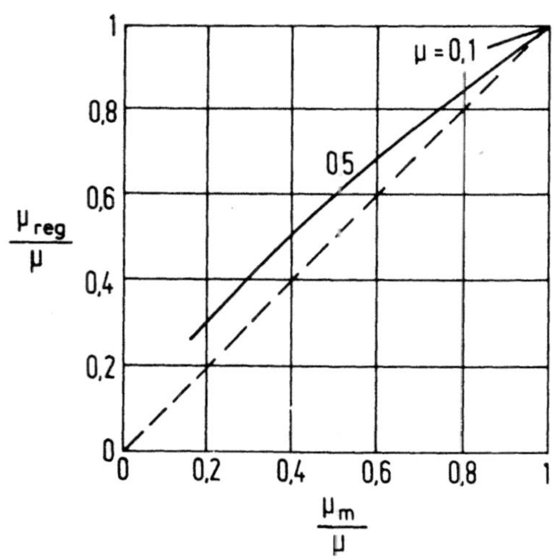

Bild 15-6 Regulierender und mittlerer Reibungsbeiwert (Röhrenmodell)

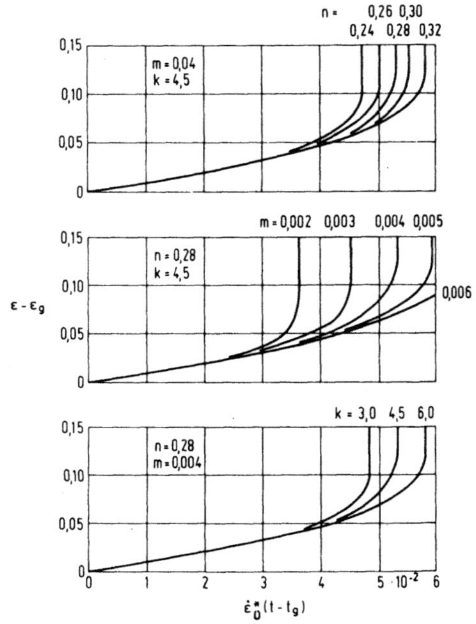

Bild 17-1 Zeitabhängigkeit der Kriechvergleichsdehnung ε beim technischen Zugkriechen, Einfluß des Profilparameters k, des Verfestigungsexponenten n und des Geschwindigkeitsexponenten m (Rundprobe)

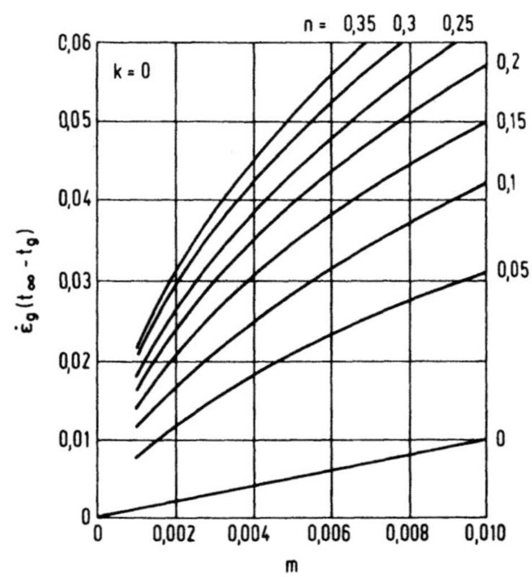

Bild 17-2 Versagenszeit t_∞ und Geschwindigkeitsempfindlichkeit m, Einfluß des Verfestigungsexponenten n für $k = 0$ (technisches Zugkriechen, Rundprobe)

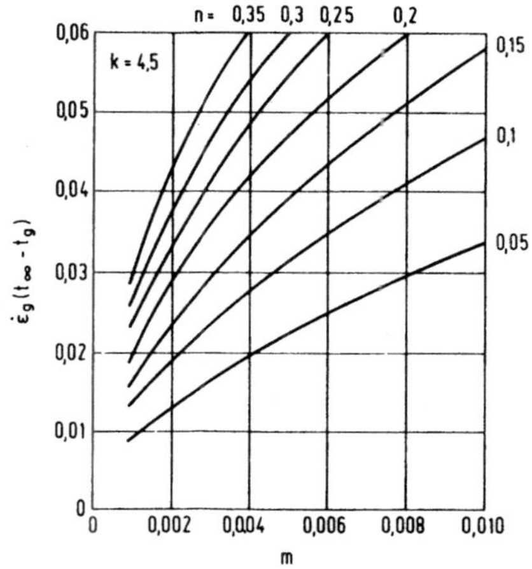

Bild 17-3 Versagenszeit t_∞ und Geschwindigkeitsempfindlichkeit m, Einfluß des Verfestigungsexponenten n für $k = 4,5$ (technisches Zugkriechen, Rundprobe)

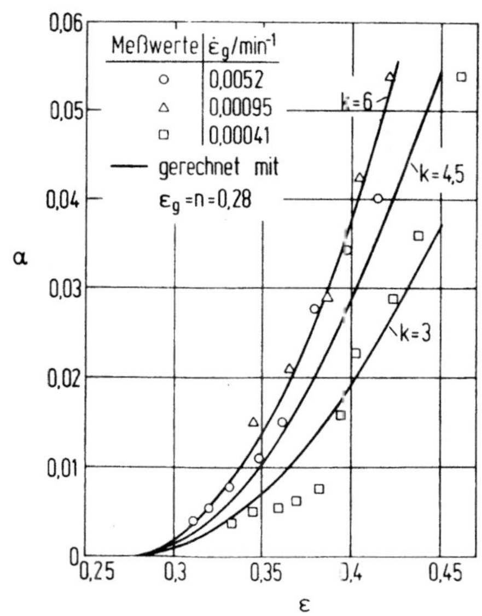

Bild 18-1 Verhältnis α und Kriechdehnung ε nach (16.1oa,b) und nach Versuchsergebnissen [27] (technisches Zugkriechen, Rundprobe)

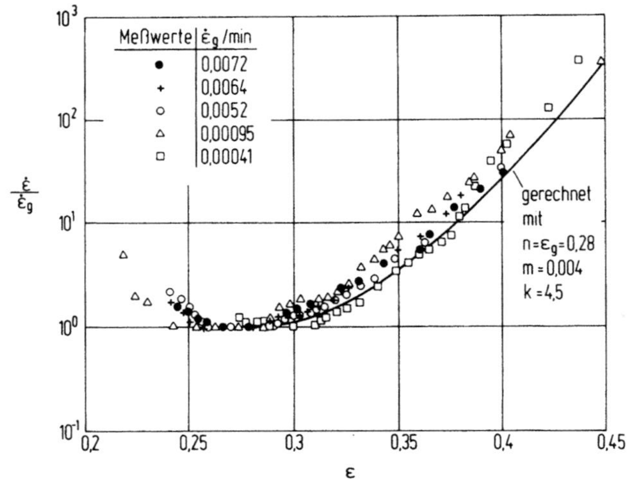

Bild 18-2 Bezogene Kriechdehngeschwindigkeit $\dot{\varepsilon}/\dot{\varepsilon}_g$ und Kriechdehnung ε nach (17.4) und nach Versuchsergebnissen [27] (technisches Zugkriechen, Rundprobe)

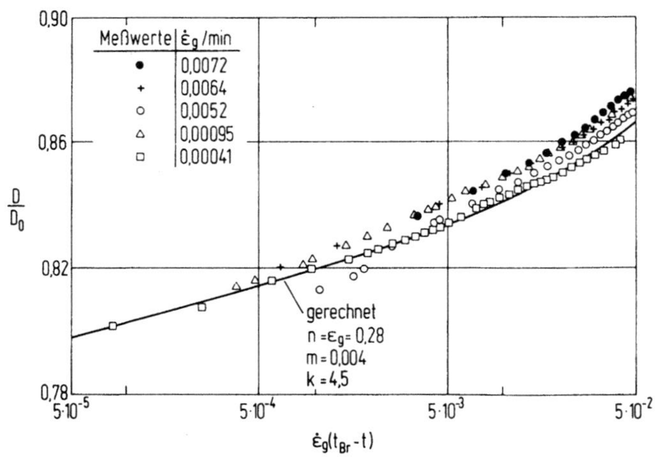

Bild 18-3 Zeitabhängigkeit des Durchmesserverhältnisses D/D_o nach Rechenwerten (Ziff. 17) und nach Versuchsergebnissen [27] (technisches Zugkriechen, Rundprobe)

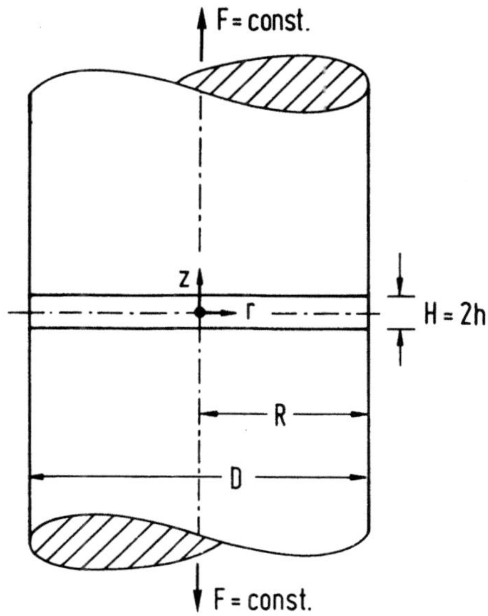

Bild 19-1 Zugstab aus einem Schichtverbundwerkstoff

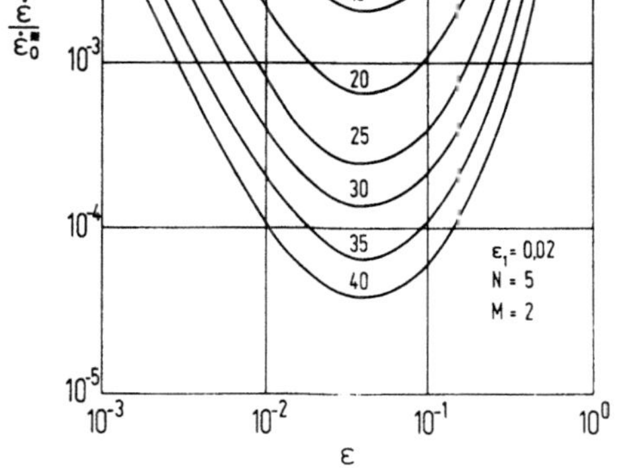

Bild 2o-1 Bezogene Vergleichsformänderungsgeschwindigkeit $\dot{\varepsilon}/\dot{\varepsilon}_o^*$ und Vergleichsformänderung ε, Einfluß der Schichtgeometrie η_o (technisches Schichtkriechen)

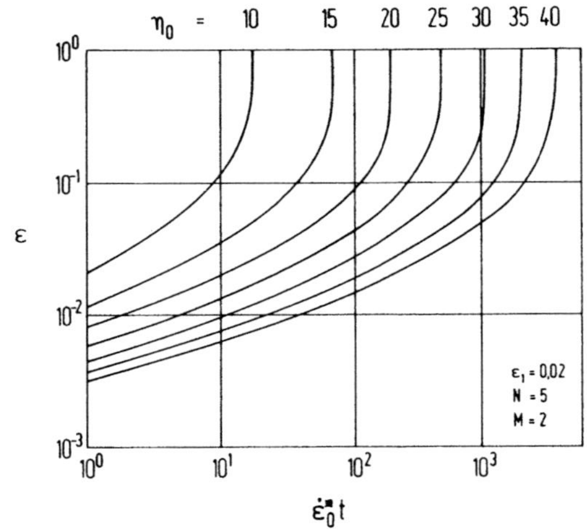

Bild 2o-2 Zeitabhängigkeit der Formänderung ε, Einfluß der Schichtgeometrie η_o (technisches Schichtkriechen)

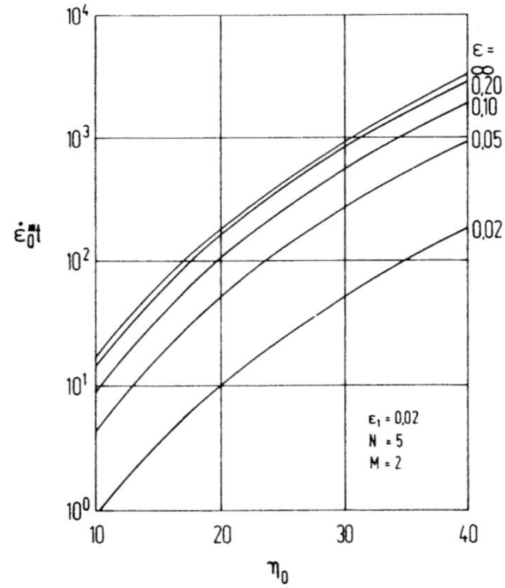

Bild 2o-3 Beanspruchungsdauer t, Formänderung ε, Schichtgeometrie η_o (technisches Schichtkriechen)

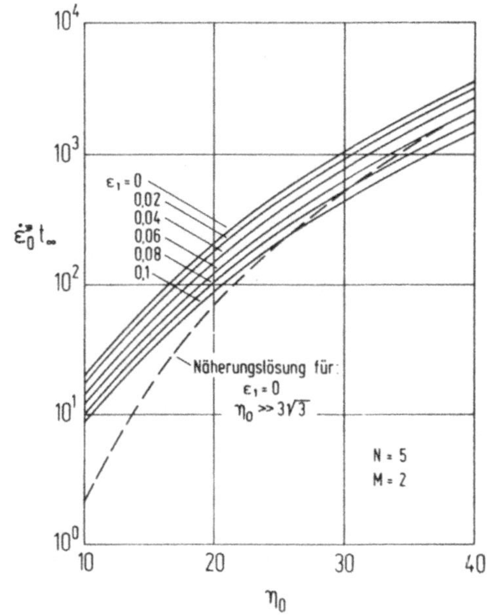

Bild 21-1 Versagenszeit t_∞ und Schichtgeometrie η_o, Einfluß der Bezugsdehnung ε_1 (technisches Schichtkriechen)

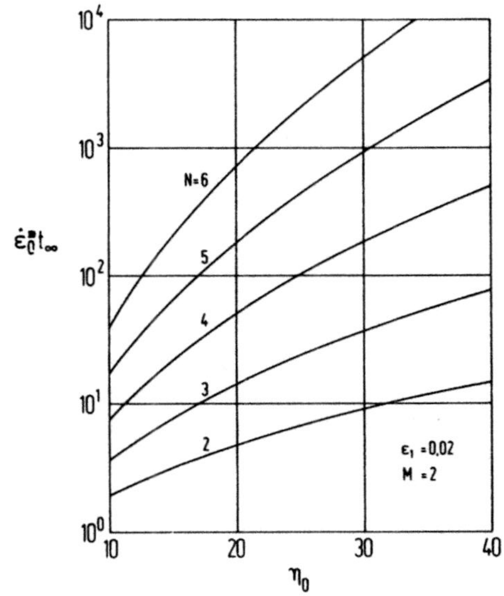

Bild 21-2 Versagenszeit t_∞ und Schichtgeometrie η_o, Einfluß des Kriechexponenten N (technisches Schichtkriechen)

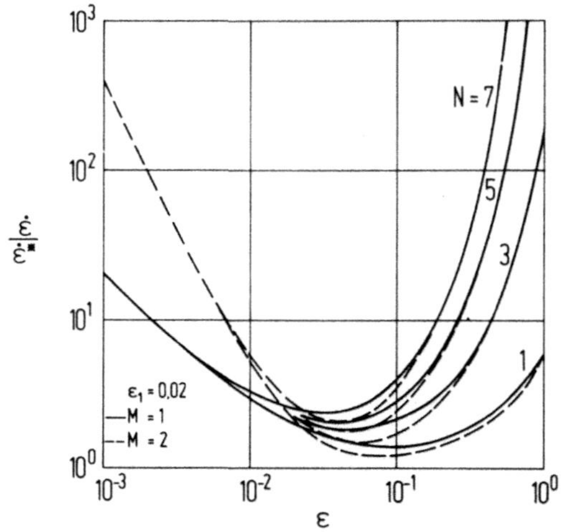

Bild 23-1 Bezogene Vergleichsdehngeschwindigkeit $\dot{\varepsilon}/\dot{\varepsilon}^*$ und Vergleichsdehnung ε, Einfluß der Kriechexponenten N und M (Behälterkriechen, $\alpha = \frac{1}{2}$ nach Tabelle 22-I)

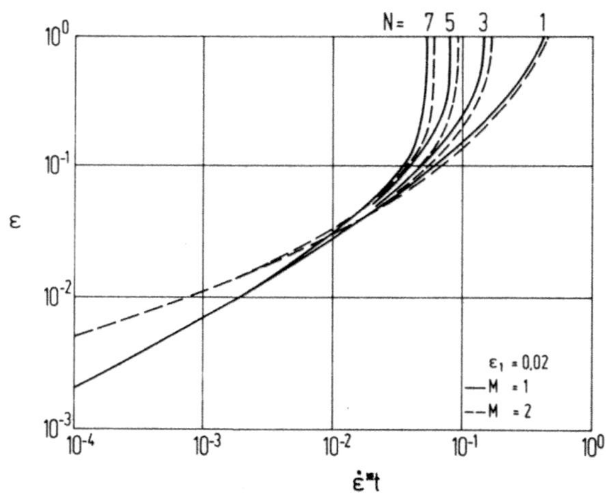

Bild 23-2 Zeitabhängigkeit der Vergleichsdehnung ε, Einfluß der Kriechexponenten N und M (Behälterkriechen, $\alpha = \frac{1}{2}$ nach Tabelle 22-I)

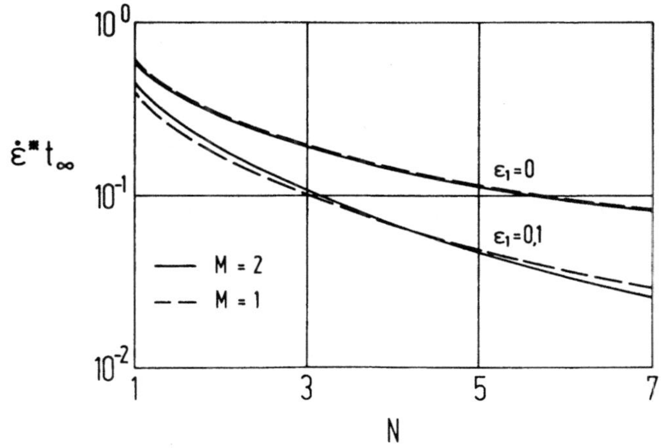

Bild 23-3 Versagenszeit t_∞ und Kriechexponenten N und M (Behälterkriechen, $\alpha = \frac{1}{2}$ nach Tabelle 22-I)

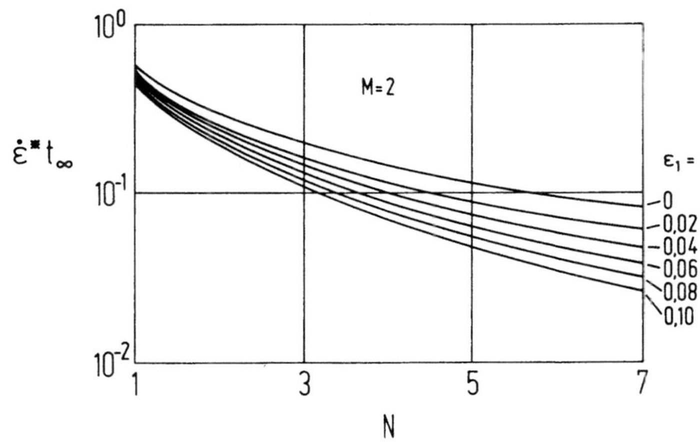

Bild 23-4 Versagenszeit t_∞ und Kriechexponent N, Einfluß der Bezugsdehnung ε_1 (Behälterkriechen, $\alpha = \frac{1}{2}$ nach Tabelle 22-I)

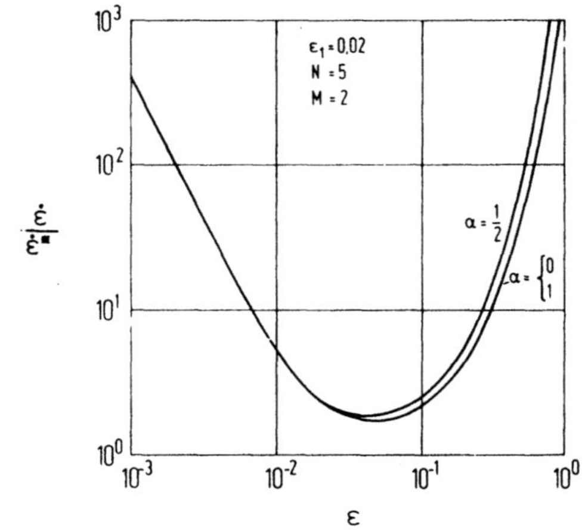

Bild 23-5 Bezogene Vergleichsdehnungsgeschwindigkeit $\dot{\varepsilon}/\dot{\varepsilon}^*$ und Vergleichsdehnung ε, Einfluß der Behälterform (α nach Tabelle 22-I)

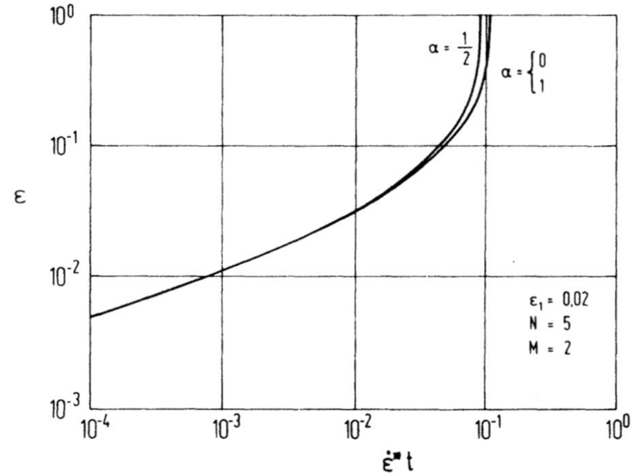

Bild 23-6 Zeitabhängigkeit der Vergleichsdehnung ε, Einfluß der Behälterform,(α nach Tabelle 22-I)

GPSR Compliance

The European Union's (EU) General Product Safety Regulation (GPSR) is a set of rules that requires consumer products to be safe and our obligations to ensure this.

If you have any concerns about our products, you can contact us on ProductSafety@springernature.com

In case Publisher is established outside the EU, the EU authorized representative is:

Springer Nature Customer Service Center GmbH
Europaplatz 3
69115 Heidelberg, Germany

Batch number: 10584556

Printed by Printforce, the Netherlands